LA GAULOISIÈRE

DOMAINE SOUMIS AU MÉTAYAGE

THÈSE AGRICOLE

SOUTENUE EN 1896

DEVANT

MM. LES DÉLÉGUÉS

de la

SOCIÉTÉ DES AGRICULTEURS DE FRANCE

PAR

Paul LIZIARD

« Si l'on osait former un choix en matière de destinée, c'est probablement la vie des champs qui tromperait le moins d'espérances.
« Le vrai campagnard est en même temps actif et sédentaire, sensible à l'honneur, inaccessible à l'ambition, il sert son pays sans quitter son foyer. Son corps est robuste parce que son âme est paisible. Plonge-t-il son regard en arrière, il retrouve des soucis ou des peines, mais point de regrets. Sa devise est :
« *Vivre en travaillant, mourir en priant* ».

DE FALLOUX.

LAVAL
IMPRIMERIE MAYENNAISE
46, rue Renaise, 46

1896

THÈSE AGRICOLE

PAR

Paul LIZIARD

A MON PÈRE

A MA MÈRE

LA GAULOISIÈRE

DOMAINE SOUMIS AU MÉTAYAGE

THÈSE AGRICOLE

SOUTENUE EN 1896

DEVANT

MM. LES DÉLÉGUÉS

de la

SOCIÉTÉ DES AGRICULTEURS DE FRANCE

PAR

Paul LIZIARD

« Si l'on osait former un choix en matière de destinée, c'est peut-être la vie « des champs qui tromperait le moins « d'espérances.
« Le vrai campagnard est en même « temps actif et sédentaire, sensible à « l'honneur, inaccessible à l'ambition, il « sert son pays sans quitter son foyer. « Son corps est robuste parce que son âme « est paisible. Plonge-t-il son regard en « arrière, il retrouve des soucis ou des « peines, mais point de regrets. Sa devise « est :
« *Vivre en travaillant, mourir en « priant* ».

DE FALLOUX.

PRÉFACE

> De toutes les professions,
> Nulle n'est meilleure que l'Agriculture
> Nulle n'est plus douce, nulle n'est plus féconde,
> Nulle n'est plus digne d'un homme libre.
>
> CICÉRON.

C'est donc encouragé par ce proverbe du plus éloquent des orateurs romains, renfermant sagesse et enseignement, que je me mets à l'œuvre.

Pourtant, en ce moment, l'Agriculture subit une crise dont personne ne saurait nier la réalité et dont les tristes conséquences se portent sur un bon nombre d'industries. Malgré la faible valeur de ses produits et la cherté de la main-d'œuvre, elle se voit accablée d'épreuves et de charges toujours croissantes.

Que faire donc devant cet état de choses? Faut-il abandonner le fonds patrimonial?..... Faut-il demander au sol ses plus nombreux produits, aujourd'hui si peu rémunérateurs?.....

Sachant que l'Agriculture est la principale source de la prospérité d'une nation, par le commerce et l'industrie qu'elle alimente, j'ai pensé que ce serait une lâcheté de la délaisser au moment où elle résiste et souffre, j'ai voulu me mêler au combat malgré toutes les difficultés qui m'environneront plus tard et sur lesquelles je ne me fais aucune illusion.

Mais pour lutter il faut : aide, conseil, courage et espérance du succès.

Pour arriver à bon résultat, Beauvais a été l'objet de mon choix : Pouvais-je mieux faire ? Voulant conserver la foi de mes ancêtres et m'adonner à l'Agriculture, je savais à l'avance pouvoir y acquérir les connaissances dont j'aurai besoin en profitant des leçons que ne cesseraient de me donner des maîtres dévoués.

Comment rester apathique et faible, lorsque chaque jour j'assisterai aux prises vaillamment soutenues par ces champions de la science. Non, ce serait être lâche et ingrat que d'agir ainsi!...

C'est donc à vous, chers Parents, que je dois d'être entré dans cette voie.

Après avoir conduit mes premiers pas, fortifié mon adolescence, vous avez gravé dans le cœur d'un fils soumis, les sentiments de l'honnêteté, du travail et du devoir. Je répondrai donc à vos désirs, d'autant plus que vous-mêmes avez suivi ce sentier où l'on trouve l'espérance de tout succès.

C'est sous l'impression de telles pensées que je me mets de tout cœur au travail, considérant la nature comme le livre sur lequel se fixera toujours l'œil du véritable savant. Que de feuillets restent encore à déchiffrer, et quelle joie lorsqu'on parvient à surprendre le secret de la plante, de l'animal, de la pierre?...

C'est donc avec transport que l'homme des champs trouve une fleur étrangère à son herbier, un insecte inconnu, un fossile nouveau; mais ces jouissances sont encore plus vives si, appliquant ces recherches à la chose la plus utile du monde : l'Agriculture, il pénètre dans le secret des assolements, de l'économie du bétail, de l'action des engrais sur les productions de la terre.

En résumé, si la ville est pour beaucoup de personnes un centre de distractions frivoles et de plaisirs vaniteux, la campagne est par excellence le séjour de la simplicité et du travail.

L'Etude que je soumets à un jury compétent est difficile pour un jeune débutant, aussi MM. les Délégués de la Société des Agriculteurs de France, je viens réclamer toute votre indulgence pour ce modeste et incomplet travail.

DIVISION DE L'OUVRAGE

Première Partie

CHAPITRE Ier

Généralités sur le Maine (Sarthe, Mayenne). — Situation et limites. — Historique. — Aspect. — Orographie. — Hydrographie. — Agriculture. — Climat. — Natures des terres. — Industries. — Mœurs locales. — Productions animales. — Voies de communication.

Deuxième Partie

CHAPITRE II

Métairie de la Gauloisière. — Bâtiments de la métairie. — Débouchés. — Géologie. — Natures des terres.

CHAPITRE III

Système de culture du pays. — Assolement de la métairie. — Sa discussion. — Etude de chaque sole.

CHAPITRE IV

Bétail : Espèce chevaline. — Espèce bovine. — Espèce porcine. — Espèce ovine. — Espèce galline.

CHAPITRE V

Engrais.

Troisième Partie

—

CHAPITRE VI

Mode d'exploitation. — Bail.

CHAPITRE VII

Jardin. — Production de la pomme à cidre.

Quatrième Partie

—

CHAPITRE VIII

Inventaire.

CHAPITRE IX

Comptabilité.

CONCLUSION

PROJET DE THÈSE

Vous avez à cultiver par métayage une exploitation de 46 hectares située à 1 kilomètre de Auvers-le-Hamon et à 8 kil. de Sablé.

Elle comprend 46 hectares ainsi répartis :

Terres labourables	*36 hect.*	
Prairies naturelles	*9*	*50*
Aire, bâtiments, jardin. . .	*0*	*50.*

Les terres labourables sont fortes, argilo-siliceuses. Quelques-unes sont drainées.

Les prairies sont bonnes et bien entretenues.

Les bâtiments sont suffisants et assez bien distribués.

La main-d'œuvre, bien qu'assez abondante, est relativement chère, elle est entièrement fournie par le métayer.

Les débouchés sont nombreux, la ligne de chemin de fer du Mans à Nantes passe à 8 kilomètres.

Les routes et les chemins sont bien entretenus.

Comment allez-vous organiser cette exploitation pour en tirer le meilleur parti possible ?

PREMIÈRE PARTIE

CHAPITRE PREMIER

GÉNÉRALITÉS SUR LE MAINE

Situation, Limites

Le Maine tire son nom des Cenomani qui l'habitaient autrefois, ou bien du Maine ou de la Mayenne, qui l'arrosent et le fécondent. Il est situé entre le 47°35 et le 40°34'30" de latitude nord, et entre le 1°29 et 3°34 de longitude occidentale. Il est donc plus rapproché du pôle que de l'équateur.

Au Nord, le Maine a pour limites les départements de la Manche et de l'Orne.

Au Nord-Est, l'Eure-et-Loir.

A l'Est, le Loir-et-Cher.

Au Sud, l'Indre-et-Loire et le Maine-et-Loire.

A l'Ouest, l'Ille-et-Vilaine.

Au Sud-Ouest, la Loire-Inférieure.

Le Maine affecte la forme irrégulière d'un quadrilatère dont la ligne Est est courbe.

Historique

Après avoir formé un comté héréditaire au Xe siècle, la province du Maine passa sous la domination anglaise, lorsque Henri de Plantagenet devint roi d'Angleterre en 1154. Philippe-Auguste, en 1203, l'enleva à Jean-sans-Terre. Plus tard, saint Louis le donna à son frère Charles dont les descendants le possédèrent jusqu'en 1481 ; Louis XI, alors, le réunit à la couronne.

Henri II le donna en apanage à son troisième fils, qui le céda à son frère François, duc d'Alençon. Enfin en 1584, le Maine fut réuni définitivement à la couronne.

Il forme aujourd'hui deux départements : la Sarthe et la Mayenne, ayant pour chefs-lieux : Le Mans, pour la Sarthe ; et Laval, pour la Mayenne, situé le premier, à 211 kil. au sud-ouest de Paris par les routes ordinaires (190 kil. à vol d'oiseau), et le second, à 300 kil. à l'ouest-sud-ouest de Paris par chemin de fer (240 kil. à vol d'oiseau).

Aspect

Le pays revêt un caractère tout particulier. La multitude des haies qui se croisent dans tous les sens pour clore les champs donnent un aspect bizarre. Les champs sont très petits; on en trouve depuis 30 à 40 ares jusqu'à 5 hectares. Du milieu des haies se dressent de distance en distance, soit des pommiers, soit des marmentaux tels que : chêne, frêne, orme, châtaignier, cerisier, etc. Ces arbres par leurs puissantes racines prennent la nourriture que l'on donne aux plantes cultivées et produisent un tort immense par leurs branches qui empêchent la lumière du soleil de pénétrer vers les plantes. Pour remédier à ce grand inconvénient, il serait bon d'abattre les haies et de réunir en une seule pièce une quantité innombrable de petites parcelles.

Orographie

Le Maine s'étend de la ligne des collines de Normandie et du Perche, séparant le bassin de la Manche et celui de la Loire, jusqu'à environ 40 kil. de la rive droite de ce fleuve.

Le système orographique de la contrée est constitué par les collines du Maine. C'est plutôt un ensemble de chaînons peu élevés, rayonnant dans tous les sens, qu'une chaîne de collines proprement dite. Sauf dans quelques massifs qui atteignent jusqu'à 400 mètres et plus d'élévation, l'altitude moyenne de ces collines ne dépasse guère 80 mètres. Les vallées qu'elles forment sont recouvertes d'une végétation luxuriante, grâce aux petits ruisseaux qui les parcourent.

Les sommets les plus élevés de ces terrains se trouvent plus particulièrement dans le nord, où l'on rencontre la forêt de Perseigne, dans la Sarthe (340 kil.).

En remontant le cours de la Sarthe serpentant à l'ouest du département de ce nom, dans une contrée accidentée, on voit le sol s'élever irrégulièrement, mais d'une façon constante jusque vers la forêt de Sillé; 286 mètres à Sillé, 330 à Rouessé-Vassé. Au nord d'Evron (Mayenne), on rencontre cette chaîne régulière des Coëvrons, orientée de l'est à l'ouest, dont le point culminant atteint 352 mètres et désignée parfois sous le nom un peu prétentieux d'Alpes-Mancelles. C'est de cette chaîne que Paris tire en partie le porphyre servant à la fabrication de ses pavés. Plus au nord se trouve le mont de Saule, 327 mètres; le signal de Villepail, 356 mètres, puis sur le massif d'où découle la Mayenne, le mont des Avaloirs, 417 mètres.

Toutes ces hauteurs de la chaîne des Coëvrons sont boisées et forment les forêts de Perseigne, de Sillé, de la Charnie, de Mayenne et de Multonne.

Quant à la partie sud de la province, elle diffère totalement de la partie nord. Elle compte 20 mètres d'altitude au confluent du Loir avec l'Argance, près de La Flèche et 35 mètres à Château-Gontier. C'est de ces points les plus bas de la Sarthe et de la Mayenne que les collines du Maine vont s'étageant et séparant tant de ruisseaux et de rivières.

Hydrographie

La Sarthe prend sa source dans le département de l'Orne, au village de Sonnue-Sarthe, près de l'ancienne abbaye de la Trappe, à 308 mètres d'altitude, sert deux fois de limite aux départements de l'Orne et de la Sarthe, traverse Alençon, pénètre dans le département auquel elle donne son nom, arrose Saint-Léonard-des-Bois et différentes villes du département, telles que : Fresnay, Beaumont, le Mans, où elle est flottable, Arnage où elle est navigable; la Suze, Sablé, puis se réunit à la Mayenne à 3 kil. au-dessus d'Angers, pour former la Maine, rivière qui baigne Angers et tombe dans la Loire à 7 kil. en aval. Son cours est de 275 kil. dans le département; la Sarthe est navigable dans la province sur 85 kil. Le débit de ses eaux est de 1,850 litres au Mans et de 9,600 à Pereé.

Les affluents principaux sont l'Orthe, le Rosay-Nord, la Bienne, l'Orne, l'Huisne qu'elle reçoit au Mans, après un parcours de 132 kil., dont 60 kil. dans le département, et qui triple le volume de ses eaux, la Végre, grossie du Palais, l'Erve grossie du Treulon arrose Auvers-le-Hamon. Le Loir (310 kil., dont 92 dans la province), après avoir arrosé bon nombre de petites villes, vient considérablement grossir la Sarthe. Il reçoit, il est vrai, de nombreux affluents.

La Mayenne prend sa source à la Fontaine-du-Maine, au village de Lacelle (Orne), au pied d'une chaîne de hautes collines, qui sont couronnées par les forêts d'Andagne et de Monnaye. Elle coule d'abord de l'est à l'ouest, tourne brusquement au sud pour entrer dans le département qu'elle traverse dans la direction générale, du nord au sud, en passant à Saint-Fraimbault-de-Prières, Mayenne, Moulay, Saint-Jean-sur-Mayenne, Laval, Avesnières, Saint-

Pierre-la-Poterie, St-Germain-de-l'Hommel, Château-Gontier, Menil, Daon, à quelque distance duquel elle quitte le département pour entrer dans celui du Maine-et-Loire, où après avoir reçu la Sarthe grossie du Loir, elle va se jeter dans la Loire au-dessous d'Angers, sous le nom de la Maine, après un cours total de 190 kil., dont 114 dans le département auquel elle donne son nom.

Le lit de la Mayenne, comme celui des autres rivières du département est le plus souvent pierreux. Sa profondeur est de 2 à 4 mètres; lors des plus abondantes pluies, elle déborde et fertilise les prairies adjacentes. La Mayenne est rendue navigable depuis Mayenne jusqu'à Angers.

Parmi les affluents de la Mayenne, on peut citer pour la rive droite : la Varenne qui passe à Ambrières; le Colmont, qui passe à Gorron et Ernée.

Sur la rive gauche on rencontre : l'Aune qui passe à Javron, la Jouanne qui reçoit la Dinard et l'Evaille, passe à Montsûrs, à Argentré et se jette dans la Mayenne près d'Entrammes.

La Vilaine prend sa source à 153 mètres d'altitude aux collines de Juvigné. Grossie d'un petit affluent qui sépare le Maine de l'Ille-et-Vilaine, elle va se jeter dans l'Océan après avoir traversé l'Ille-et-Vilaine et le Morbihan. Son parcours est de 220 kil., dont 15 seulement dans le Maine.

Agriculture

Le sol du Maine est fertile sur une assez grande surface, les landes encore trop vastes tendent à diminuer de nombre et d'étendue par suite des défrichements.

L'assolement triennal avec jachère existe encore dans beaucoup de contrées, les instruments perfectionnés ne sont que très peu répandus à cause du morcellement des terres, du mode de culture et on peut ajouter de la routine trop enracinée des cultivateurs. Les engrais chimiques commencent depuis quelques années seulement à être connus et ne sont employés qu'à faible dose.

Je donnerai successivement le nombre d'hectares composant les deux départements qui forment le Maine ; en commençant par la Sarthe. J'ajouterai les rendements culturaux obtenus dans chaque département.

Sarthe. — Le sol de la Sarthe comprend 597,821 hectares productifs ainsi répartis :

Froment	75.500	hectares.
Méteil	22.500	»
Seigle	21.000	»
Orge	37.435	»
Avoine.	34.593	»
Maïs	2.411	»
Sarrasin	3.360	»
Pommes de terre	19.167	»
Légumes secs	3.892	»
Vignes	9.603	»
Jardin	9.820	»
Betteraves	347	»
Chanvre	7.880	»
Lin	108	»
Prairies naturelles	70.152	»
Prairies artificielles	42.330	»
Pâtis, landes et bruyères . .	53.840	»
Jachères	98.257	»
Bois.	67.239	dont 10.533 à l'Etat.
Châtaigneraies	208	»
Vergers, pépinières, oseraies.	10	»

On évalue le revenu territorial à 20 millions de francs, et le nombre des propriétaires fonciers à 124.588, se partageant 1.062.338 divisions parcellaires.

Le rendement en quintaux est de :

Froment	1.118.910	quintaux.
Méteil	342.000	»
Seigle	330.750	»

Orge	559.600	»
Avoine	440.700	»

Mayenne. — On évalue le sol productif de la Mayenne à 500.167 hectares.

Froment	103.522	hectares.
Méteil	11.860	»
Seigle	2.412	»
Orge	49.998	»
Avoine	33.810	»
Sarrasin	35.545	»
Pommes de terre	7.330	»
Légumes secs	86	»
Vignes	807	»
Vergers, pépinières, jardins .	9.767	»
Betteraves	106	»
Colza	12	»
Chanvre . . . , ...	1.842	»
Lin	3.673	»
Prairies naturelles	66.323	»
Prairies artificielles	20.198	»
Pâtis, landes et bruyères . .	25.628	»
Jachères	157.697	»
Bois	32.574	»
Oseraies, aulnaies	50	»

On évalue le revenu territorial à plus de 14 millions de francs, et le nombre de propriétaires fonciers à 74.916, se partageant 898,823 divisions parcellaires.

Le rendement en quintaux est de :

Froment	154.196	quintaux.
Méteil	200.908	»
Seigle	37.989	»
Orge	682.473	»
Avoine	439.530	»

Comme la province du Maine produit plus de céréales qu'elle n'en consomme, les excédents de récolte sont exportés dans les départements voisins et en Angleterre.

Pommiers a cidre. — Les arbres fruitiers réussissent

parfaitement, notamment les poiriers et les pommiers dont on retire en moyenne par an, 1.654.775 hectolitres de cidre.

Forêts. — Les essences qui composent en général les forêts, sont : le chêne qui, dans certains endroits est plus que séculaire; le charme, le hêtre, le châtaignier, le bouleau, le pin sylvestre, le mérisier, l'orme et l'érable.

Climat

Le Maine appartient tout entier au climat séquanien où du nord-ouest; ce climat est sain et tempéré, l'air est doux est humide. La disposition des collines est tellement variée, qu'elle ne donne lieu à aucun vent dominant. Dans la partie méridionale, l'air est plus vif que dans la partie septentrionale.

Les épidémies dysentériques sont parfois assez communes le long des cours d'eau. La moyenne de la température est de 10°6 à 10°7. Il tombe par an 600 millimètres d'eau. On compte 120 jours de pluie, 12 de neige, 50 de gelée, 148 de brouillard, 20 de grêle, 15 d'orage. Il existe des stations météorologiques dans bon nombre de localités.

Nature des terres

Les terres schisteuses du Maine étaient autrefois peu productives. Mais il n'en est plus de même, depuis que l'on utilise le calcaire que l'on trouve dans le pays en assez grande abondance. Les terrains sont donc en général argileux; ils retiennent l'eau avec facilité. Quand ils ont une moyenne profondeur, ils sont humides et froids, lorsqu'ils sont peu élevés, au contraire, ils s'échauffent moins promptement mais conservent mieux leur chaleur.

Ils ont le grand inconvénient de se fendiller sous l'influence des grandes sécheresses, ils nécessitent de nombreux labours et exigent l'emploi de forces considérables; aussi il n'est pas rare de voir attelé sur une charrue 4 à 6 chevaux croisés percherons.

Industries

Les industries du pays sont très variées.

L'anthracite et la houille sont l'objet d'exploitations importantes; comme mines on peut citer : les mines de Saint-Pierre-la-Cour, de la Baconnière, du Genest, de l'Huisserie, de la Bazouge-de-Chemeré, d'Epineux-le-Seguin et de Gomer.

On trouve de magnifiques marbres, des pierres de taille, des ardoisières.

De riches minerais ont permis l'installation de nombreuses fonderies, la maison Chappée, du Mans; ainsi que les fonderies de Port-Brillet-lès-Laval, sont assez avantageusement connues. Des tanneries procurent aussi un travail abondant à de nombreux ouvriers. Parmi les industries qui ne naissent pas directement du sol, la plus importante est la fabrication des toiles de chanvre et de lin; comme exemple on peut citer les filatures Lavalloises, d'Avesnières et de Bootz. Les fabriques de poteries et de faïences, les tuileries, briqueteries, verreries, etc., sont assez nombreuses ainsi que les fours à chaux. On trouve, de plus, quelques distilleries, féculeries, brasseries, beurreries, fromageries, conserves alimentaires.

Mœurs locales

L'amour du travail et du foyer domestique, la douceur et la tranquillité des mœurs dues à ses sentiments religieux, un esprit routinier, un certain effroi de tout ce qui est nouveau, distinguent l'habitant du Maine.

Le campagnard est travailleur, âpre au gain, grâce à une habileté de main peu commune, il peut remplir tous les métiers. Mais ne lui parlez point d'innovations; ne lui conseillez pas de tenter des essais que vous prouvez devoir être avantageux; un sourire sceptique viendra vous faire comprendre que vous accumulez en vain les preuves, et il vous répondra d'un air narquois, que tous ceux qui font de tels essais se ruinent et que si vous connaissiez leurs terres, vous ne leur feriez pas de semblables propositions.

Dans les villes, le progrès se fait sentir depuis quelques années, et la diffusion des idées modernes, des sciences naturelles et des arts mécaniques, contribue à détruire toute l'originalité de leurs habitants.

La langue française, en général, est exprimée dans un langage assez correct; mais à la campagne, on entend des expressions locales fort piquantes et très originales, qui rendent nécessaire une certaine habitude pour comprendre l'idiome manceau.

Productions animales

Espèce	chevaline . .	151.432	
»	asine . . .	7.870	dont 1.000 dans la Mayenne.
»	bovine . . .	471.764	
»	ovine . . .	140.000	
»	porcine . .	172.120	

Les chevaux sont à juste titre renommés; ils sont forts et robustes comme les Percherons, avec lesquels ils ont beaucoup de points de ressemblance.

L'espèce bovine est représentée en grande partie par les Durham et les Durham-Manceau, qui se font recommander par leur précocité et leur aptitude à l'engraissement. Quant aux races Normandes, Charolaises, etc., elles ne sont guère connues dans le pays que par les propriétaires ; les fermiers n'en font pas usage dans le commerce.

Les porcs élevés dans la région sont de race craonnaise, si renommée dans tout l'Ouest de la France; et qu'on classe à juste titre comme la première race française.

Les volailles connues sous le nom de poulardes du Mans et les oies grasses constituent des produits très rémunérateurs, plus de 250.000 volailles et 100.000 oies sont expédiées annuellement à Paris et surtout en Angleterre.

Le gibier abonde dans ce pays qui autrefois était couvert de forêts et d'un aspect sauvage. On y rencontre les lièvres, lapins, perdrix et, dans les forêts, le chevreuil, le sanglier, le renard et jadis le loup.

Les cours d'eau nourrissent des brochets, des anguilles, des carpes, des brêmes, des truites et des écrevisses.

Voies de communication

Le Maine est traversé par la ligne de chemin de fer de Paris à Brest, du Mans à Nantes, du Mans à Caen et par une foule de lignes secondaires qui comptent 852 kilomètres, dont 567 dans la Sarthe.

Les routes sont également nombreuses : les routes nationales ont une longueur de 887 kilomètres; les routes départementales 1.222 kilomètres, quant aux chemins vicinaux, ils offrent un parcours de plus de 10.000 kilomètres.

Les rivières de la Sarthe, de la Mayenne et du Loir, sont navigables sur une assez grande étendue, environ 200 kilomètres.

DEUXIÈME PARTIE

CHAPITRE II

MÉTAIRIE DE LA GAULOISIÈRE

Bâtiments

La métairie de la Gauloisière est située à 1 kilomètre du bourg d'Auvers-le-Hamon, en pays boisé et d'une étendue de 46 hectares.

Les bâtiments sont érigés presqu'au centre des terres.

La métairie étant éloignée de la route d'Auvers-le-Hamon à Poillé de 300 mètres, un chemin entretenu par le métayer y conduit, partant de la cour de la ferme.

Les constructions sont presque neuves, les étables ont été rebâties il y a 10 ans environ.

Maison d'habitation. — La maison d'habitation regardant l'Est occupe le centre du domaine, facilitant ainsi la surveillance de ce qui se passe dans la cour. Un grenier à blé se trouve au-dessus.

Vacherie. — La vacherie est située à une faible distance de la maison d'habitation ; sa plus petite façade regarde le Nord, le local est bien aménagé, surtout au point de vue hygiénique ; il est haut, spacieux, bien aéré et le sol bétonné, présentant une pente de 0m01 par mètre, pour faciliter l'écoulement des urines dans les rigoles qui les conduisent à la fosse à purin.

Cette construction peut être dénommée : Vacherie, longitudinale double tête au mur ; un couloir de service sépare les deux rangées d'animaux.

Manutention. — La manutention fait suite à la vacherie ; c'est là que se préparent les rations et où sont remisés les hache-paille, coupe-racine, concasseur, brise-tourteaux, etc. ; tous ces appareils sont actionnés par un manège de la force de 2 chevaux (un seul animal suffit généralement).

Au-dessus de ce local se trouve le grenier à fourrage qui se poursuit sur la vacherie ; une trappe permet l'accès de ce grenier et rend facile la distribution du fourrage.

Bouverie. — La bouverie est attenante à la vacherie et fait avec celle-ci un angle droit, la disposition intérieure est la même que celle de l'étable.

C'est une bouverie longitudinale, double tête au mur ; au lieu de posséder deux ouvertures à chaque pignon, comme dans la vacherie, il y en a une du côté latéral et l'autre à l'extrémité. La bouverie a sa grande façade exposée au Nord, et sa petite à l'Est.

Ecurie. — L'écurie est située parallèlement à la bouverie, regardant le Sud, elle peut contenir 6 chevaux et deux boxes pour poulinières, son agencement est bien compris ; on y remarque la bonne disposition des fenêtres placées de façon à ne pas frapper directement sur la vue des animaux et, par là, faire encourir des maladies d'yeux et quelquefois l'aveuglement ; la disposition des conduits à purin et des supports pour harnais est aussi bien comprise ; un grenier à fourrages est situé au-dessus. Une ouverture pratiquée

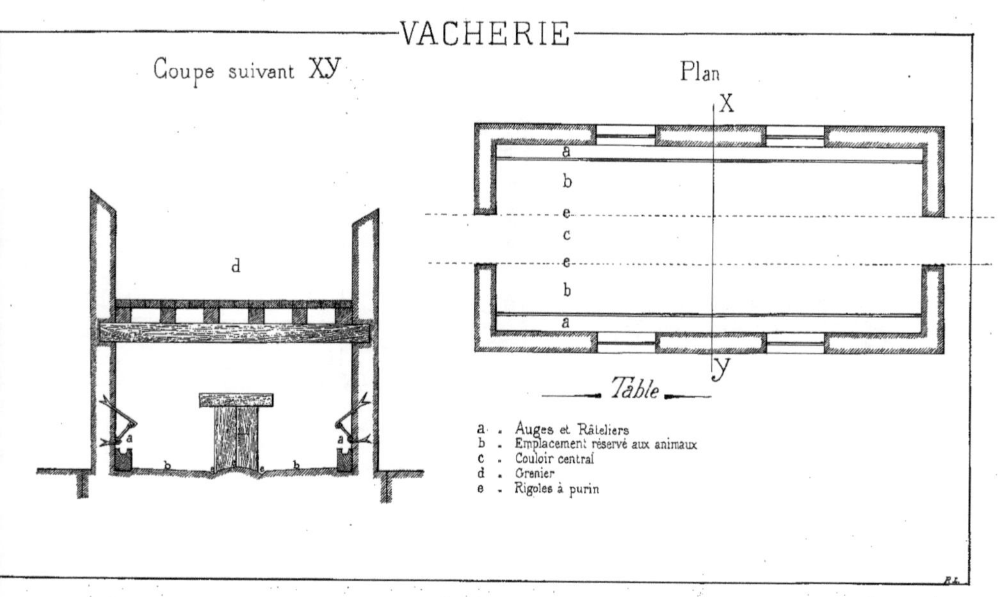
VACHERIE
Coupe suivant XY
Plan
X
Y
a
b
c
d
e
Table
a . Auges et Râteliers
b . Emplacement réservé aux animaux
c . Couloir central
d . Grenier
e . Rigoles à purin

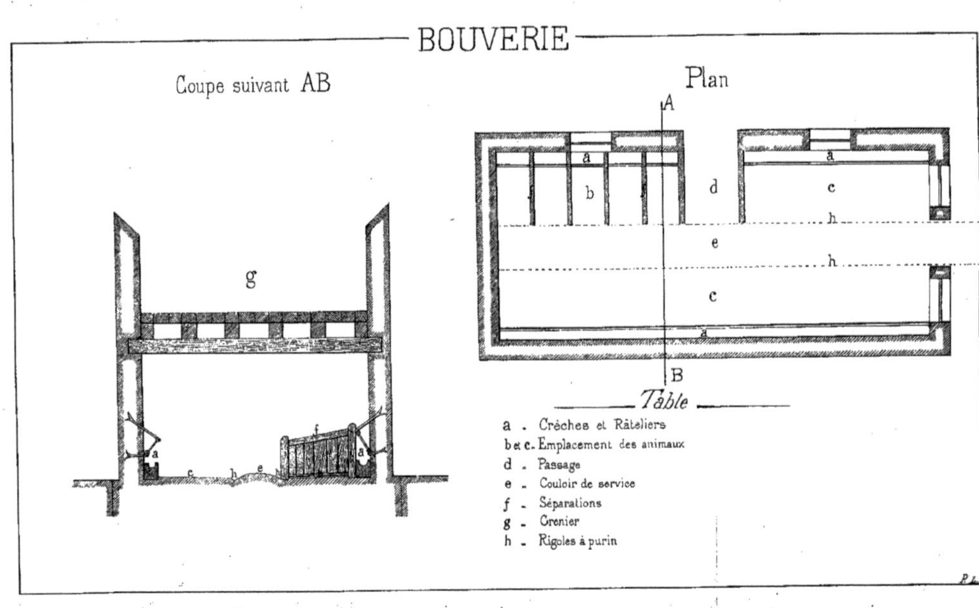
BOUVERIE
Coupe suivant AB
Plan
A
B
a
b
c
d
e
f
g
h
Table
a . Crèches et Râteliers
b et c. Emplacement des animaux
d . Passage
e . Couloir de service
f . Séparations
g . Grenier
h . Rigoles à purin

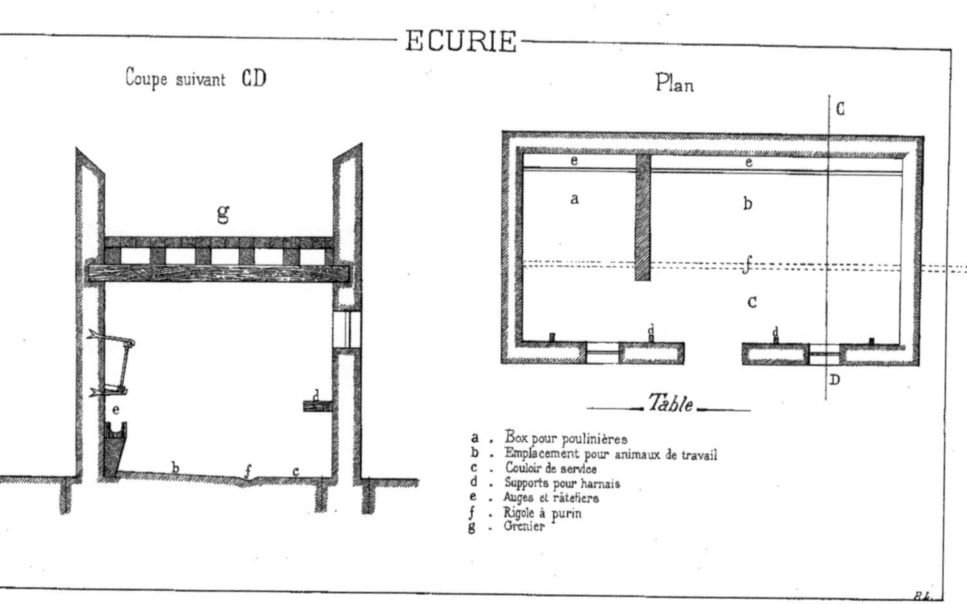
ECURIE
Coupe suivant CD
Plan
C
D
e
a
b
c
d
f
g
Table
a . Box pour poulinières
b . Emplacement pour animaux de travail
c . Couloir de service
d . Supports pour harnais
e . Auges et râteliers
f . Rigole à purin
g . Grenier

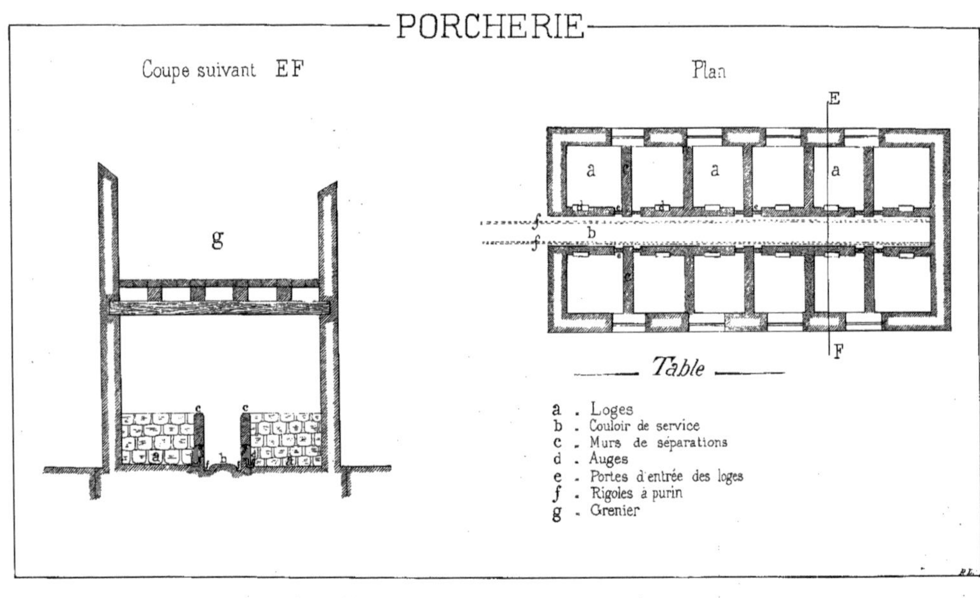
PORCHERIE
Coupe suivant EF
Plan
g
a
b
c
d
e
f
E
F
Table
a . Loges
b . Couloir de service
c . Murs de séparations
d . Auges
e . Portes d'entrée des loges
f . Rigoles à purin
g . Grenier

dans le plafond permet de jeter la nourriture dans le local pour la distribuer ensuite.

Hangar. — A côté de l'écurie on aperçoit le hangar qui abrite la machine à battre et son manège, les charrettes et tous les instruments aratoires employés dans l'exploitation.

Au-dessus se trouve un grenier à grain destiné à recevoir les menus, c'est-à-dire : orge, avoine, graine de trèfle, etc., ils y sont portés aussitôt après le vannage et le triage.

Porcherie. — La porcherie regardant l'Est par une de ses façades latérales et de l'autre est abritée au Nord par la bergerie et le poulailler. Sur chaque côté se trouve ménagées quatre cases; une allée centrale sépare les deux rangées; c'est une porcherie double avec couloir longitudinal. Les auges sont en briques recouvertes de ciment; la distribution de la nourriture se fait par le couloir en ayant soin de lever une trappe; en versant ainsi l'aliment dans l'auge, beaucoup d'ennuis sont évités pour la personne qui s'occupe de cette partie agricole.

Bergerie. — La bergerie fait suite et tient à la porcherie ainsi que le poulailler. L'élevage du mouton n'est pas considérable dans la région. Le métayer n'entretient l'espèce ovine que pour subvenir à ses besoins, pour fournir la laine nécessaire à ses vêtements.

Jardin. — Le jardin occupe toute la partie Ouest des bâtiments; il est entouré de murs surmontés de grillages pour empêcher les poules de s'y introduire et d'y commettre des dégâts; il est d'un grand secours pour l'alimentation du personnel.

Mare. — Une mare servant d'abreuvoir est située au Nord-Est de la métairie et longeant le chemin d'entrée; l'eau y est pure, saine et claire, les animaux la boivent avec plaisir. Le trop-plein s'écoule par une canalisation dans les prairies situées non loin de l'exploitation. A peu de distance d'elle se trouve un puits d'une profondeur de 35 mètres, servant aux besoins de la cuisine et du jardin.

Débouchés

> Favorisez, étendez, améliorez le commerce du pays, mais ne tentez pas de lui en substituer un autre.
>
> Jacques BUJAULT.

La métairie de la Gauloisière est assez bien située au point de vue des débouchés pour l'écoulement de ses produits.

Sablé, ville commerçante et industrielle est située à 8 kilomètres, les foires et les marchés y sont nombreux et bien approvisionnés.

Le Mans, à 40 kilomètres, c'est là que l'on vend les céréales et les bestiaux de prix. On vend quelquefois à l'étable les animaux reproducteurs et de boucherie.

Tableau des foires et marchés des environs.

JOURS	LOCALITÉS	DISTANCE
Lundi	Sablé, foires et marchés imp.	8 kilom.
Jeudi.	Brûlon, marché aux volailles.	12 »
Vendredi. .	Le Mans, grains et bestiaux.	40 »

Géologie

Calcaire Carboniférien. — Le calcaire carboniférien se présente avec des concrétions siliceuses quelquefois très abondantes comme à Auvers-le-Hamon, Juigné. Le calcaire spathique s'y voit également.

Schistes avec Anthracite. — On rencontre encore à Auvers-le-Hamon des schistes avec anthracite qui s'étendent largement dans la Mayenne par Ballée et la Bazouge et semblent affecter divers plis. Le combustible offre plusieurs couches ; n'existe que vers le Nord-Est, il a été autrefois exploité à Montfrou.

Ce terrain constitue un pays de bocage, entrecoupé de haies, qui a été amélioré d'une manière notable par l'emploi de la chaux ; on y cultive surtout les céréales et le trèfle, l'élève des bestiaux s'y fait sur une grande échelle.

Tertiaires. — Argiles et sables à galets de quartz. — Ces dépôts qui se rencontrent surtout sur les plateaux semblent à peu près indépendants de la forme des vallées actuelles, les cours d'eau qui ont creusé celles-ci les ont ravivés eux-mêmes, ils sont très élevés vers le Nord atteignant 179 mètres d'altitude aux environs de Neuvilette et 67 mètres à Auvers.

Leur indifférence de l'orographie actuelle fait considérer ces dépôts comme antérieurs à l'ère quaternaire, les cailloux très roulés qu'ils renferment les font d'ailleurs ranger parmi les sédiments marins.

Ces sables sont souvent ferrugineux et les argiles bariolées avec galets de quartz blanc très arrondis. Ce terrain ravive souvent les formations particulièrement inférieures, les calcaires dévonien et carbonifère. Il donne lieu à des terres argilo-sableuses et caillouteuses. Les cultures y sont variées.

Nature des terres

Les terres de la Gauloisière sont de nature diverse et variablement composées.

Les unes sont argilo-siliceuses ayant beaucoup de profondeur et formant le fonds du domaine ; à l'apport de la chaux ces terres deviennent parfaites, saines, fertiles, d'un travail facile dans lesquelles on peut tenter toutes sortes de cultures.

Les autres sont argilo-schisteuses; à quelques mètres de profondeur on trouve de l'anthracite qui autrefois était exploitée dans le pays.

Ces terres analysées au laboratoire de l'Institut de Beauvais au point de vue des éléments chimiques renferment :

Azote.	0,50 %
Acide sulfurique.	0,1715
Alumine	0,66
Chaux.	2,05
Fer	0,59
Magnésie.	2,75
Potasse	1,04
Acide phosphorique	traces

CHAPITRE III

SYSTÈME DE CULTURE DU PAYS

Assolement. — Sa discussion

> De temps à autre mets la terre en pré. Après tu es sûr d'abord du blé; ainsi ce n'est pas tout de fumer, il faut encore alterner.
>
> Jacques BUJAULT.

Il y a 20 ans, dans le Maine, on ne savait pas encore ce que c'était qu'un assolement, aussi ne s'occupait-on pas des règles à suivre pour la succession des cultures :

La rotation triennale était celle suivie presque partout :

1° Blé avec fumure ;

2° Orge ou avoine avec semis de trèfle ;

3° Trèfle.

Mais depuis quelques années la science agricole a fait des progrès inouïs dans cette partie de la France ; des agronomes distingués sont parvenus à faire comprendre à ces paysans routiniers qu'ils ne pouvaient pas continuer de traiter la terre ainsi ; et qu'ils arriveraient à des résultats toujours décroissants et par conséquent à leur ruine ; car cette rotation triennale ne renfermait que des plantes épuisantes ; et le cultivateur ne rendait pas totalement au sol les substances que les récoltes lui enlevaient.

Les engrais chimiques n'étaient pas encore connus ; on ne faisait usage que de la chaux dont les abus furent grands ; et l'on déplore encore de nos jours leurs funestes résultats.

Un bon nombre de fermiers ont su comprendre les sages conseils qui leur étaient donnés et les mirent en pratique.

Assolement

Depuis 1885 les terres de la Gauloisière sont soumises à la culture à plat et à un rigoureux assolement ; car précédemment on labourait en sillons comme la coutume existe encore dans certaines parties du département.

Mais pour suivre une rotation il faut d'abord savoir ce que l'on entend par un assolement et les points à considérer pour l'adoption.

L'assolement est la division des terres arables en plusieurs parties dont chacune est occupée par une espèce particulière de plante.

La nécessité d'un assolement est fondée sur ce fait expérimental qu'en général une terre à laquelle on demande de porter plusieurs années de suite la même plante annuelle, fournit des rendements décroissants et finit par refuser toute récolte de cette plante.

On a constaté que cette stérilité cesse quand sur le même terrain on fait alterner des cultures de plantes différentes.

Pour le choix d'un assolement il faut considérer 3 points :

1° La nature du sol ;

2° Les circonstances où l'on est placé ;

3° Le capital dont on dispose.

Ceci posé, j'ai pensé répondre au principe de l'alternat en adoptant l'assolement de 6 années, dont voici l'exposé :

1° Plantes sarclées ;

2° Céréales de printemps ;

3° Prairies artificielles annuelles ;

4° Céréales d'automne ;

5° Plantes fourragères annuelles ;
6° Céréales d'automne.
Hors sole luzerne.
Chaque sole sera subdivisée comme il suit :

1° Plantes sarclées :

Betteraves	1 h. 1/2	5 hect.
Pommes de terre	1 h. 1/2	
Choux	2 h.	

2° Céréales de printemps :

Avoine avec semis de trèfle.	3 h.	5 hect.
Orge id.	2 h.	

3° Prairies artificielles annuelles :

Trèfle	5 h.	5 hect.

4° Céréales d'automne :

Blé	5 h.	5 hect.

5° Fourrages annuels :

Seigle (ou minette).	3 h.	5 hect.
Vesces id.	2 h.	
Maïs (après vesces et seigle)	5 h.	

6° Céréales d'automne :

Blé	5 h.	5 hect.

Hors sole :

Luzerne	6 h.	6 hect.
Total en hectares cultivés		36 hect.

D'après ce tableau on aura :

5 hectares plantes sarclées ;
5 » céréales de printemps ;
5 » prairies artificielles annuelles ;
5 » céréales d'automne ;
5 » plantes fourragères annuelles ;

5 » céréales d'automne ;
6 » luzerne.

Je crois que la disposition de cet assolement est rationnelle, et qu'il mérite d'être mis en pratique ; d'abord l'équilibre existe entre les végétaux au point de vue de leurs propriétés améliorantes ou épuisantes.

Les plantes nettoyantes sont en égale quantité que les plantes salissantes ; enfin par leurs différentes longueurs de racines, elles vont chercher à diverses profondeurs les éléments fertilisants des engrais ; ces plantes pivotantes et traçantes occupent d'une manière égale l'assolement.

Cette rotation sexennale a sa raison d'être par suite du temps que chaque récolte donne à la culture suivante pour faire sur cette sole les travaux nécessaires à la plante qui doit suivre.

La spéculation animale étant très grande et les débouchés faciles, j'ai pris les mesures nécessaires pour avoir un fourrage excellent devant entretenir un nombreux bétail.

Détail des Plantes de l'assolement

PREMIÈRE SOLE

Betteraves fourragères (Beta vulgaris), famille des Chénopodées genre Beta (1 hectare 1/2)

La betterave fourragère est la plante sarclée par excellence ; outre qu'elle nettoie le sol, elle fournit une abondante nourriture d'hiver pour les animaux bovins.

Pour réussir dans la culture de cette racine,il faut que la terre soit profonde, bien fumée et très meuble, aussi faut-il la labourer convenablement et enterrer le fumier dès l'automne de façon qu'il ait bien le temps de se décomposer pendant l'hiver et puisse servir de nourriture à la plante dès son semis.

En Novembre, j'étendrai 45.000 kilos de fumier à l'hectare ; cette fumure profitera non seulement à la betterave mais encore aux cultures qui suivront. J'enfouirai le fumier par un profond labour de 0m25 à 0m30 ; 300 kil. de superphosphates enfouis en automne et 100 kil. de chlorure de potassium ensevelis au printemps par un labour superficiel, pour rendre la terre parfaitement meuble, au moment du semis on donnera un hersage.

A la fin d'Avril suivant le temps les graines de betterave seront répandues à l'aide du semoir en lignes à raison de 20 kilos à l'hectare ; les lignes espacées de 0m60 l'ensemencement effectué on hersera légèrement si besoin en est.

Parmi les variétés cultivées on choisira les meilleures, les plus rustiques et à grand rendement. La jaune géante de Vauriac, l'ovoïde des Barres et la Mammouth.

Lorsque les betteraves auront 3 à 4 feuilles on demariera en laissant la plus belle tous les 0m35, puis on épandra 100 kil. de nitrate de soude.

Les soins consisteront en sarclages en passant la houe à cheval entre les rayons des plants et cela par un temps sec ; de manière qu'il ne reste plus aucune mauvaise herbe ; ce travail sera complété par la houe à main.

Avec ces soins le sol sera aéré, les éléments nutritifs profiteront à la plante, les insectes et les herbes nuisibles disparaîtront.

Contrairement à la mauvaise habitude du pays on n'effeuillera pas la plante pendant le cours de sa végétation car en lui enlevant ses feuilles on lui enlève ses organes respiratoires ; la plante végète mais ne grossit plus et on diminue le rendement d'une façon notable.

En Octobre on procédera à l'arrachage et au décollage ; les racines seront laissées dans les champs pendant quelques jours, mises en tas puis recouvertes de feuilles pour empêcher les gelées ; après quoi elles seront charroyées à la ferme où on les mettra en silo où en grange de façon à pouvoir les conserver contre les rigueurs de l'hiver. Une partie des fanes sera consommée par les vaches et les moutons et l'autre servira d'engrais.

Avec ces travaux et soins, ainsi que le choix des bonnes variétés, j'espère obtenir un rendement moyen de 40,000 kil. à l'hectare.

Pommes de terre (Solanum tuberosum) famille des Solanées 1 hectare 1/2.

Je cultiverai la pomme de terre Institut de Beauvais et la géante Bleue; ces deux variétés sont rustiques et à grands rendements, je recherche sur tout les produits élevés, car cette plante devant être consommée en partie sur la ferme, j'ai tout intérêt à en produire le plus possible.

Après l'enlèvement du blé qu'elles remplaceront, j'emploierai du fumier de ferme 45.000 kilos à l'hectare, lequel sera enfoui à l'automne par un labour de 0^{m}25. Par cette méthode, le fumier sera bien décomposé au moment de la plantation, et la pourriture des tubercules occasionnée par le contact du fumier ne sera plus à craindre.

Au printemps j'enfouirai 100 kil. de sulfate de potasse par un labour moyen afin d'avoir un sol bien meuble lors de la plantation.

Dans le courant d'Avril, lorsque les froides gelées ne seront plus à craindre, je procèderai à la plantation, qui se fera à la charrue à une profondeur de 0^{m}12. Les lignes seront tracées toutes les deux raies, ce qui fera 0^{m}50 dans les deux sens en supposant une largeur de labour de 0^{m}25.

La quantité de pommes de terre employée comme semence, sera de 25 hectolitres à l'hectare.

Après la plantation, si besoin en est, je passerai une herse légère de manière à égaliser la terre; puis lorsque les jeunes pousses commenceront à se montrer et que les lignes seront parfaitement visibles, je binerai à l'aide de la houe à cheval, ce travail sera répété aussi souvent que besoin en sera ; suivant la plus ou moins grande propreté du terrain.

Plus tard lorsque les tiges atteindront 0^{m}25 à 0^{m}30, le buttage sera effectué pour favoriser le développement des tubercules, diminuer les chances de maladies, et rendre l'arrachage plus facile.

La récolte se fera vers le mois de Septembre à la charrue ; l'opération aura lieu par un beau temps les tubercules seront laissés quelques heures sur le sol afin qu'ils se ressuyent convenablement. Séchés ils devront être rentrés à la ferme ; puis triés avec soin ; les pommes de terre de moyenne grosseur seront conservées pour la plantation de l'année suivante ; les petites seront consommées par les animaux et les grosses serviront aux besoins du ménage.

Le triage des solanées étant effectué, elles devront être mises en cave ou dans un endroit peu éclairé pour qu'elles ne verdissent pas. C'est là qu'elles passeront l'hiver ; en ayant soin de les abriter contre la rigueur de la température.

Quant aux fanes, elles seront brûlées sur le champ, car on prétend que ce sont elles qui contiennent les germes des maladies ; elles donneront en même temps de la potasse au sol.

Jusqu'à ce jour on a obtenu de 14 à 17.000 kilos à l'hectare, mais il ne faut compter que sur un rendement moyen de 15,000 kilos.

Choux fourragers (brassica oleracea acephala) fam. des Crucifères. — 2 hectares

Les choux offrent au cultivateur une grande ressource pour la nourriture de ses animaux. Quoique n'étant que de peu de valeur nutritive ils ont l'avantage de rendre de grands services ; à la fin de l'hiver ils donnent aux animaux de la vigueur, un bon poil et les entretiennent en bon état.

Les variétés de choux cultivées à la Gauloisière sont : le chou fourrager de la Sarthe, le chou moellier et le chou mille-têtes autrement dit Polo.

Au mois de février ou de mars, dans une petite parcelle du jardin qui aura été préparée à cet effet, je sèmerai les graines de ces différentes espèces de choux.

Au commencement de juin ils seront transplantés et espacés de 0m80 dans tous les sens, ce qui fera environ 16,000 pieds à l'hectare. Avant la plantation ils seront pralinés.

Le champ destiné à recevoir les choux sera fumé à raison de 45,000 kilos de fumier à l'hectare, 200 kilos de superphosphate et 100 kilos de nitrate de soude.

Pendant la première végétation on sarclera, on binera à la main, à la houe à cheval et cela autant de fois qu'il sera nécessaire pour enlever les mauvaises herbes et ameublir le sol.

Pour combattre l'invasion de l'altise ou puce de terre ; ainsi que celle du puceron, les choux seront arrosés avec du purin étendu d'eau surtout aux premiers temps du semis.

Vers la mi-Septembre, je commencerai la cueillette du chou fourrager de la Sarthe, aux feuilles amples, largement cloquées, aux petioles très charnus. Celle du chou moellier fera suite et il sera utilisé pendant l'hiver associé à la betterave.

On le hachera avec de la menue-paille où de la paille hachée ; cette nourriture devra être fort goûtée du bétail pendant la longue saison d'hiver.

Enfin le chou mille-têtes ou Polo, appelé ainsi à cause de ses nombreuses ramifications passera aisément l'hiver ; attendu qu'il craint peu la gelée, son utilisation ne s'effectuera qu'au printemps.

L'histoire dit que lors de la récolte il faut :

Un homme pour porter un chou.

Le rendement obtenu sera de 45 à 50,000 kilos à l'hectare au prix de 9 francs les 1,000 kilos.

Les choux seront cultivés exclusivement pour les herbivores, ils seront consommés par eux à l'étable pendant l'hiver et au commencement du printemps.

DEUXIÈME SOLE

Avoine (avena sativa) fam des Graminées.
3 hectares

L'avoine est une des denrées les plus précieuses pour l'alimentation dans une ferme ; d'ailleurs la culture en est facile et les produits utilisables.

Les terres ayant porté des plantes nettoyantes seront labourées en Mars ou bien extirpées selon les différents cas qui peuvent se présenter.

Je ne fumerai pas en fumier car les plantes sarclées n'ayant utilisé qu'une partie de leur fumure, il en restera la moitié pour la culture suivante. Cependant avant le semis je mettrai 100 kilos de superphosphate à l'hectare, pour favoriser le rendement en grains.

Pour mon ensemencement, je rechercherai l'avoine noire de Brie et l'avoine de Groningue ; les semences seront de la dernière récolte à grains luisants, bien nourris, exempts d'odeur laquelle annonce une fermentation qui s'est produite en tas.

Le semis s'effectuera à l'aide du semoir en lignes à la distance de $0^{m}15$, à raison de 200 litres de grain à l'hectare, vers la fin de Février ou commencement de Mars. Ayant déjà amélioré les labours de la région, j'essayerai par des variétés rustiques à réaliser le proverbe des anciens :

« *Avoine de février, rempli le grenier.* »

En même temps que l'avoine, je sèmerai du trèfle pour l'année suivante. Après ce semis pour recouvrir le tout, je passerai une herse légère ; mais je me garderai de rouler car mon sol argileux pourrait se plaquer et à l'été serait fendillé.

L'Avoine s'égrenant facilemeut qnand elle est bien mûre ; sera coupée avant sa complète maturité. On la laissera plusieurs jours en javelles, afin de bien la laisser mûrir ; aussitôt sèche on la rentrera.

Ayant choisi comme variétés deux avoines à grands rendements, j'espère obtenir 35 hectolitres à l'hectare.

Après le battage l'avoine sera divisée en 2 parts, l'une sera gardée pour la consommation de la ferme, et l'autre sera vendue au prix moyen de 15 fr. les 100 kilos.

Orge (hordeum hexasticum) fam. des Graminées
2 hectares

Peu de jours après l'enlèvement des plantes sarclées, je sèmerai 100 kil. de superphosphate à l'hectare; puis au mois de Mars, je donnerai un labour moyen ou un vigoureux extirpage.

Arrivé au mois d'Avril, l'orge sera semée au semoir en lignes à raison de 150 litres à l'hectare, les lignes seront écartées de $0^{m}20$ au moins vu la grande facilité de tallement de l'orge.

Dans la semence d'orge je mélangerai du trèfle qui devra utiliser le terrain l'année suivante, la quantité employée à l'hectare sera de 20 kilos.

Un roulage léger sera donné, si le temps le permet aussitôt après le semis, l'échardonnage sera aussi exécuté avec soin.

Les variétés d'orge cultivées seront : l'orge chevalier et l'orge commune ou orge de pays.

La récolte aura lieu au commencement d'Août, l'orge sera mise en javelles pendant 2 ou 3 jours,puis on bottellera pour faciliter le transport.

L'orge chevalier réussit bien dans nos terres, elle est rustique, son épi est allongé, son grain de toute beauté, bien plein et très recherché pour la brasserie ; industrie assez répandue dans le pays. Aussi pourra-t-elle être vendue pour la fabrication de la bière ; mais l'orge de pays sera conservée pour l'alimentation des bœufs et des porcs à l'engrais.

Avec de bons soins je compte sur un rendement de 25 hectolitres à l'hectare.

TROISIÈME SOLE

Trèfle violet (trifolium) fam. des Papilionacées
5 hectares

Le trèfle procure une excellente nourriture au bétail, mais il a l'inconvénient d'occasionner la météorisation, quand il est consommé à l'état vert.

Il sera donc donné avec une grande précaution en évitant surtout de le laisser fermenter en tas.

La graine de ce trèfle aura été semée dans l'avoine et l'orge l'année précédente au moyen du semoir muni de la boîte à trèfle, à raison de 20 kilos à l'hectare.

L'année de l'ensemencement on ne récoltera rien, si ce n'est une faible pâture qui ne durera que quelques jours à l'automne. L'année suivante j'espère avoir une bonne récolte vu les 100 kilos de plâtre et 100 kilos de nitrate qui seront épandus au printemps.

La première coupe sera fauchée dès que la fleur du trèfle commencera à apparaître ; l'opération aura lieu par un beau temps, car le trèfle redoute beaucoup la pluie lors du fanage, il devient noir et peut même à la longue répugner les animaux auxquels il est donné comme aliment, il perd donc beaucoup de sa valeur.

Si l'on a besoin de semence la seconde coupe sera gardée à graine, sinon elle sera donnée en vert aux chevaux et bêtes bovines ; puis après il restera un maigre pâturage pour les chevaux.

La variété de trèfle qui sera cultivée est le trèfle violet ou trèfle commun.

Pour la première coupe, j'espère un rendement de 4000 kilos à l'hectare de fourrage sec.

QUATRIÈME SOLE

Blé (triticum sativum) fam. des Graminées
5 hectares

La culture du blé de nos jours n'est plus guère rémunératrice cependant il faut encore en cultiver pour l'alimentation nationale, à condition de viser à la production intensive.

En plus à la Gauloisière je possède un avantage particulier : La même variété de blé n'est cultivée qu'une seule année sur la ferme, la dégénérescence se fait ainsi moins vite. A Saint-Laud près d'Angers un correspondant fermier des environs me change ses semences avec celles de la Gauloisière ; il est envoyé à ce fermier tous les ans après la récolte la quantité de graines nécessaires pour ensemencer ses terres; aussitôt qu'il a reçu l'expédition il envoie à son tour la quantité demandée, récoltée l'année même sur son exploitation.

De cette manière très simple on cultive toujours un blé non dégénéré, propre et exempt de maladies.

Les variétés de blé recherchées sont : le Dattel, le blé de Bordeaux et le rouge de Saint-Laud.

Cette sole recevra un labour profond, mais on se gardera d'extirper car on ramènerait à la surface du sol toutes les herbes et les racines de trèfle qui ont été enfouies par la charrue et qui périront par le manque d'air.

Il suffira de passer plusieurs fois une forte herse qui émiettera les mottes de manière à ameublir le dessus du labour pour y passer le semoir.

Au dernier hersage on étendra 300 kilos de superphosphate à l'hectare qui seront enfouis en passant la herse en long et en travers.

Avant de semer, les céréales seront vannées, triées et sulfatées, dans le but de détruire la carie, la rouille, le charbon et d'autres cryptogames ; pour cette opération on emploie du sulfate de cuivre à la dose de 4 à 5 kilos pour 100 litres d'eau, mais on ne prend que 16 litres par hectolitre de graine, le tout est fortement brassé, afin que la céréale soit bien humectée.

Le semis sera effectué au semoir en lignes, ce qui économisera beaucoup de semences, puis le travail sera mieux fait. La distance des lignes sera de $0^{m}15$.

Les semailles se feront au mois d'Octobre et au commencement de Novembre en se rappelant le dicton :

« *Si tu veux bien moissonner,*
« *Ne craint pas de trop tôt semer.* »

D'ailleurs on a remarqué dans le pays que les semis faits après le 15 Novembre ne réussissaient pas bien à cause des premières gelées de l'hiver. Si un laps de temps venait à manquer il serait préférable de continuer les semailles en Février, avec des avoines de printemps.

La quantité de semences employée sera de 160 litres à l'hectare.

« *Semez clair vous récolterez épais.* »

Après le semis si cela est nécessaire on donnera un léger hersage afin d'égaliser la terre.

Pour activer la végétation au printemps je sémerai 100 kilos de nitrate de soude en couverture, puis un léger hersage sera opéré en vue de favoriser le tallement, de rechausser les plantes et d'ameublir la croûte durcie de la surface qui empêche les céréales de végéter à leur aise.

Quelques jours après le hersage on roulera, afin de faire adhérer au sol les tiges du froment et de compléter la bonne action de la herse au point de vue du tallement.

Les sarclages ayant pour but d'ameublir le sol et de détruire les mauvaises plantes telles que : les chardons, patiences, coquelicots, s'opéreront au mois d'Avril avec le plus grand soin.

La récolte s'effectuera vers la fin de Juillet, à l'aide de la moissonneuse, qui déposant le blé en javelles favorise la mise en gerbes. Ces dernières réunies en dizeaux resteront quelques jours dans le champ, dans le but d'une complète dessication.

Puis le blé sera rentré à la ferme et entassé dans les granges, ou il sera battu de suite, comme du reste toutes les céréales, à la machine ordinaire à l'aide d'un manège à 4 chevaux.

Le battage terminé le grain sera passé au tarare, puis monté au grenier où il attendra la vente.

On serait porté à croire, qu'il y aurait un grand inconvénient à battre les céréales à cette époque, vu le moment où l'on se trouve pour la culture de la betterave ; tout en battant notre grain il sera facile de donner des soins à cette dernière ; un homme et un cheval suffisent pour opérer les sarclages nécessaires, à l'aide de la houe. D'ailleurs tout ce qui a rapport au travail, c'est le métayer qui en est chargé par conséquent il doit avoir un nombre d'ouvriers suffisant pour le faire exécuter.

Avec les bonnes variétés de blé cultivées, j'espère un rendement de 22 hectolitres à l'hectare. La paille sera évaluée à 5.000 kilos par hectare et sera consommée à la ferme, se souvenant du proverbe :

« *Vendre sa paille, c'est vendre son fumier*
« *Qui vend son fumier, vide son grenier.* »

CINQUIÈME SOLE

Seigle (secale cereale) fam. des Graminées
2 hectares

Cette plante est celle sur laquelle un agriculteur doit compter pour obtenir un fourrage hâtif au printemps.

J'ai donc crû pouvoir partager ma sole de vesces, de manière que celles-ci soient en plein rapport lorsque le seigle aura disparu.

Par ce moyen on ne manquera jamais de fourrage vert.

Je cultiverai 2 hectares de seigle en même temps que 3 hectares de vesces. Pour la culture de cette plante, je donnerai deux labours moyens afin d'avoir autant que possible une terre poussiéreuse ; car le seigle aime une terre bien préparée.

Après l'enlèvement du blé une fumure de 40.000 kilos de fumier sera enfouie par un labour ; le seigle par cette fumure aura tous les éléments qui lui sont nécessaires, puis un hersage sera exécuté pour avoir un sol meuble.

En Septembre le seigle sera répandu à la volée à raison de 200 litres de graines à l'hectare ; la variété employée sera le seigle commun. Au mois d'Avril on le récoltera et il sera mangé en vert. Le rendement obtenu sera de 10.000 kil. vert à l'hectare.

Si l'hiver est rigoureux, par conséquent si la plante est éprouvée dans sa végétation, je répandrai 100 kil. de nitrate de soude, de très bonne heure au printemps ; dans le but de la réconforter et de donner de l'activité à sa végétation.

Aussitôt que cette plante aura laissé le sol libre ce dernier supportera un maïs.

Vesce d'hiver (vicia sativa) fam. des Légumineuses
3 hectares

Comme à la Gauloisière il y a un nombreux bétail il a fallu trouver une plante qui succédant au blé donnerait de bonne heure au printemps afin de suppléer au régime sec des animaux. Il a donc été choisi la vesce comme devant être récoltée aussitôt que le seigle sera épuisé, et continuer les bons effets que celui-ci procure aux bestiaux.

Pour varier un peu la nourriture des animaux, je crois que cette légumineuse viendra à point au printemps en fournissant un précieux fourrage ; puis la vesce absorbe la majeure partie de son azote dans l'air, c'est donc une plus-value de cette substance qu'elle fournit au sol par sa culture.

Une fumure de 45,000 kilos de fumier à l'hectare sera enfouie aussitôt après l'enlèvement du blé ; la vesce devra être semée au mois de septembre.

On mettra 2 à 3 hectolitres de graines mélangées de 50 litres d'avoine d'hiver ; ayant pour but de supporter les faibles tiges de la vesce qui sans cet appui s'accroupiraient et pourriraient si la saison devenait pluvieuse.

En Février on répandra 100 kilos de nitrate à l'hectare dans le but d'accroître la végétation.

Cette vesce fournira un excellent fourrage dès le printemps, on se gardera bien de la laisser grainer ; on coupera aussitôt la formation des premières gousses sinon on attendra que les gousses inférieures commencent à grossir, c'est alors que ce fourrage sera plus substantiel et plus sapide.

Ce fourrage ainsi récolté en vert pourra donner un rendement de 20,000 kilos à l'hectare.

Maïs fourrage (zea maïs) fam. des Graminées
5 hectares

Comme on le sait le maïs est une plante fort goûtée par le bétail de la ferme ; elle fait donner aux vaches du lait et est une source de vigueur pour les autres animaux. Si tout ce fourrage ne peut être consommé en entier, il sera ensilé pour les années qui suivront.

Pour ne pas avoir à récolter ce maïs tout à la fois, il sera d'abord semé sur le seigle lorsque celui-ci sera récolté ; de façon que la récolte de maïs ne soit pas bonne à être consommée toute en même temps.

Le seigle enlevé on donnera un labour en enfouissant 200 kilos de nitrate pour activer la végétation ; avant le semis un autre labour suivi d'un hersage sera effectué. Il en sera de même lorsque la vesce sera récoltée.

La maïs cultivé est le géant de Caragua ou maïs dent de cheval. Le semis se fera à la volée au mois de Mai, le plus tôt sera pour le mieux, mais il faut que les récoltes soient enlevées ; on sèmera 200 litres à l'hectare, plusieurs hersages seront donnés après l'ensemencement.

Quelques jours avant le semis les graines seront stratifiées afin d'exciter la germination ; au fur et à mesure des besoins le maïs sera récolté à la faux.

Tous les soins nécessaires à la bonne réussite ayant été

donnés ; je compte sur un rendement de 45,000 kilos à l'hectare.

SIXIÈME SOLE

Blé (triticum sativum) fam. des Graminées
5 hectares

Le blé qui succèdera au maïs n'aura pas besoin d'une forte fumure car sa culture après les plantes nettoyantes est très économique ; celles-ci n'absorbant que la moitié du fumier il en reste encore suffisamment pour ce dernier.

Il suffira donc de donner au sol un labour et même un bon extirpage ou un hersage pourront suffir.

Les variétés cultivées seront les mêmes qu'à la quatrième sole ; le blé recevra les soins nécessaires pour la bonne venue, 100 kilos de nitrate et 300 de superphosphate seront répandus à l'automne dans le but d'activer la végétation.

A la fin de Juillet on fera la récolte, le froment coupé sera ramassé, battu de suite, nettoyé et mis en tas dans les greniers, chaque variété à part, car ce blé doit être cédé comme semences aux fermiers de la région.

HORS SOLE

Luzerne (medicago sativa) fam. des Légumineuses
6 hectares

La luzerne est une des plantes les plus utiles en Agriculture surtout dans les pays où il n'y a pas de prairies naturelles. Ce n'est pas le cas dans le Maine mais les anciens ayant reconnu que cette plante était très utile à leur mode de culture l'ont associée aux prairies naturelles en vue de les aider dans leurs spéculations domestiques. Je suivrai donc le chemin si bien tracé par mes devanciers et mes aïeux.

Avant de semer la luzerne, il faut défoncer le sol afin de

permettre à ses racines pivotantes de s'y enfoncer aisément; puis y cultiver une plante sarclée à laquelle succédera une céréale de printemps devant recevoir en même temps le mélange de la légumineuse.

Ce mélange consistera en : 1/3 trèfle violet et 1/3 luzerne, à la dose de 10 kilos pour le trèfle et 20 pour la luzerne à l'hectare. On hersera légèrement, puis on roulera fortement de façon à bien tasser le sol.

La céréale abritera la jeune plante contre les grands vents et les rayons trop ardents du soleil.

Au printemps la luzernière sera plâtrée à la dose de 300 kilos et on y ajoutera 170 kil. de superphosphate à l'hectare; en vue de rendre le fourrage plus nutritif; mais pour activer la végétation 100 kil. de nitrate seront confiés au sol. On n'emploiera pas d'engrais azotés pour les autres années; car la luzerne, comme toutes les légumineuses, s'en fournit suffisamment pourvu qu'on ne la laisse pas manquer de principes minéraux.

La récolte se fera à deux époques : la méthode de fenaison usitée dans la région est encore non seulement primitive mais défectueuse.

La plante est coupée en vert, laissée telle quelle sur le sol, puis fanée et séchée. Je délaisserai cette coutume, car par les diverses manipulations que l'on fait subir à la luzerne, celle-ci perd une quantité de feuilles qui sont les parties les plus nutritives.

Je me propose d'importer dans le pays la méthode que l'on met en pratique à la ferme de l'Institut et qui consiste à faire des *moyettes*.

Quelques heures après la coupe, on place debout deux javelles qu'on lie par le sommet au moyen de quelques brins de luzerne. C'est ce qu'on appelle la moyette ; puis on écarte le pied pour permettre à l'air de circuler librement. La dessication se fait rapidement par ce procédé. Cette méthode a l'avantage qu'en temps de pluie, l'eau ne peut pénétrer à l'intérieur, elle coule sur la moyette comme sur un toit ; ensuite on ne perd pas les feuilles de la luzerne comme par le fanage, enfin le fourrage est plus sapide, car il conserve sa couleur verte.

Quelques jours après la mise en moyettes celles-ci sont réunies deux à deux puis liées pour former les bottes devant constituer la provision fourragère de la métairie.

La luzerne peut aussi être consommée en vert, mais il faut prendre beaucoup de précautions afin d'éviter les météorisations.

A l'état sec, elle donne un fourrage bien goûté de tous les animaux bovins. Je compte sur un rendement de 6.000 kil. de fourrage sec à l'hectare.

La cinquième ou la sixième année la luzernière sera mise en pâture, puis on la retournera à la fin de l'été, pour lui faire succéder une céréale.

Prairies Naturelles
9 h. 1/2

La prairie est la mère des champs.

Les prairies naturelles sont, sans contredit, le meilleur moyen d'utiliser et le plus économiquement les terres argileuses et fortes ; c'est-à-dire celles qui rapportent le plus en comparaison des frais de culture qu'elles réclament.

Elles sont de la plus haute importance dans une ferme ; surtout aujourd'hui où les céréales sont à si bas prix, les herbages permettent de réaliser des bénéfices sérieux. Avec eux on peut avoir un nombreux bétail, et par suite une plus grande production d'engrais, lesquels appliqués aux cultures doivent donner des produits considérables.

A la Gauloisière, les prairies recevront tous les ans 12.000 kil. de fumier et 300 kilos de scories à l'hectare. Puis du terreau ou des composts seront répandus également pendant l'hiver de manière que la gelée délite les mottes et au printemps, on hersera fortement pour permettre au sol de s'aérer et à l'engrais de s'émietter.

La taupe sera combattue à outrance,les taupinières seront répandues avant la pousse de l'herbe car elles gêneraient lors du fauchage. On fera mieux encore, des pièges seront tendus de manière à les détruire.

Les déjections des animaux seront égalisées avec soin après la pâture et les touffes d'herbe laissées par ces derniers seront coupées.

Les prairies étant entourées de haies vives, et la plupart de plantations de pommiers ; il sera nécessaire après la chûte des feuilles de balayer ces dernières lesquelles serviront pour la confection des composts, ou des litières, les années où la paille pourra manquer.

Si cette opération n'était pas faite, les feuilles se décomposeraient et rendraient le sol acide, feraient disparaître les bonnes plantes pour laisser place aux mousses.

Pour la destruction des mousses, il sera répandu 100 kilos de sulfate de fer puis un léger hersage sera donné.

Pour la récolte du foin une seule coupe sera effectuée, le regain étant destiné à être pâturé. L'herbe sera fauchée à la machine au moment où la plupart des graminées seront en pleine floraison, on choisira de préférence la matinée pour exécuter ce travail.

Les andains seront retournés par un beau temps, puis on fanera le plus vite possible ; de façon que la pluie ne puisse surprendre les travailleurs.

Lorsque la dessication sera complète, les foins seront rentrés au grenier attendant l'époque de leur distribution.

Le rendement moyen vu les soins procurés et les engrais donnés pourra atteindre 7.000 kilos de foin sec à l'hectare et par an.

Le sol des prairies de la Gauloisière étant argilo-siliceux et le sous-sol argileux maintiennent une certaine fraîcheur qui est indispensable aux prairies naturelles.

Dans ces prairies on rencontre les plantes suivantes :

GRAMINÉES

Fromental (*arrhenatorum elatius*)
Les avoines (*avena flavescens, elatior*)
Le dactyle pelotonné (*dactylis glomerata*)
Le brôme (*bromus pratensis*)
Les fétuques (*festuca pratensis, elatior*)
La fléole des prés (*phleum pratense*)
Le ray-grass (*lolium perenne*)
Le vulpin des prés (*alopecurus pratensis*)
La houlque laineuse (*holcus lanatus*)
La flouve odorante (*authoseantum odoratum*)

LÉGUMINEUSES

Les trèfles (*violet et blanc*)
Le lotier corniculé (*lotus corniculatus*)
La minette (*medicago lupulina*)

ODORIFÉRANTES

Le serpolet (*thymus serpyllum*)
L'achillée mille-feuilles (*achillea millefolium*)

Produits de la ferme

D'après les données établies précédemment je vais grouper dans ce tableau tous les rendements récoltés à la ferme et ramenés au foin pris comme base.

Il est évident que ces rendements peuvent varier selon une foule innombrable de causes ; mais voici ceux d'une année moyenne.

Produits végétaux de l'exploitation

NOMS des RÉCOLTES		RENDEMENT à l'hectare.	NOMBRE d'hectares	RENDEMENT total	EQUIVALENT de la plante	VALEUR en foin
Betteraves		40.000	1 h. 1/2	60.000	300	20.000
Pommes de terre		15.000	1 h. 1/2	22.500	200	11.250
Choux fourragers		48.000	2	96.000	450	21.333
Trèfle		4.000	5	20.000	100	20.000
Seigle		10.000	2	20.000	400	5.000
Vesce d'hiver		20.000	3	60.000	350	17.143
Maïs fourrage		45.000	5	225.000	300	75.000
Luzerne		6.000	6	36.000	90	40.000
Prairies naturelles		7.000	9	63.000	100	63.000
Blé	Grain	1.672	10	16.720	45	37.222
	Paille	5.000	»	50.000	300	16.666
Avoine	Grain	1.680	3	5.040	54	9.333
	Paille	3.400	»	10.200	250	4.080
Orge	Grain	1.550	2	3.100	50	6.200
	Paille	2.500	»	5.000	225	2.222
				Total		348.449k

Spéculations animales

Maintenant il me reste à savoir combien de bêtes je pourrai entretenir sur l'exploitation de la Gauloisière; pour cela je me baserai sur l'expérience et la théorie de nombreux agronomes et praticiens ; tous s'accordent à dire qu'une bête bovine de taille moyenne mange ordinairement, par jour, l'équivalent de un trentième de son poids de foin sec, en ration d'entretien et de production.

La théorie fixe généralement à 450 k. la tête de gros bétail.

D'après ce que j'ai dit plus haut la nourriture d'un tel animal exigerait par an,

$$\frac{450 \times 365}{30} = 5{,}475 \text{ kil. de foin ou son équivalent.}$$

D'après le tableau qui précède, je vois que je peux disposer de 348,449 kil. en équivalent en foin.

La quantité calculée plus haut ne sera pas consommée entièrement ; il faut retrancher ce qui sera *vendu*, ce qui sera employé comme *semence* et comme *litière*. La paille elle-même ne sera pas consommée entièrement s'il en reste elle sera réservée pour l'année suivante.

	Genre des denrées	QUANTITÉ totale	QUANTITÉ ramenée au foin
Vente des denrées	Blé	1.672	37.222
	Avoine	2.250	4.160
	Orge	2.400	4.800
	Pommes de terre	12.000	6.000
Semences	Avoine	300	550
	Orge	195	390
	Pommes de terre	2.400	1.200
Litières	Paille de blé	40.000	13.330
	« d'orge	5.000	2.220
		Total.	69.872 kil.

Il me reste donc en déduisant le total de la quantité ramenée au foin, c'est-à-dire : vente des denrées semences, litières ; du total général une provision alimentaire de 278.577 kilos, qui pourra entretenir un chiffre de têtes correspondant au quotient obtenu par la division d'une ration annuelle ou 278.577 divisé par 5.475.

soit $\frac{278,577}{5,475} = 50\ 1/9$

Je pourrai avoir assez de nourriture pour entretenir 50 têtes, vu que les rendements ne sont pas exagérés ; mais il faut agir avec prudence en cas d'hiver prolongé ou d'accidents quelconques, je me bornerai seulement à 45 têtes de bétail comme effectif.

CHAPITRE IV

BÉTAIL

Le bétail est la source de la fécondité d'une terre ; car c'est lui qui produit le fumier permettant de donner au sol les éléments dont il a besoin et d'espérer de lui de forts rendements.

La consommation de la viande augmentant journellement il faut donc s'efforcer de produire le plus qu'on pourra ; car en ce moment, ce sont les spéculations animales qui sauvent le cultivateur du gouffre béant qui lui est ouvert. Sans la vente du bétail, le fermier ne pourrait plus vivre vu la crise actuelle qui sévit sur nos blés.

La principale source de la richesse agricole, c'est donc le bétail, car, *sans bétail, pas de fumier, et sans fumier pas de production agricole possible.*

La production animale ayant été jusqu'alors l'âme de la Gauloisière, je continuerai cette spéculation en tâchant de l'améliorer encore par des croisements, dont je serai heureux de dire quelques mots dans le cours de ce chapitre.

En considérant le rendement de nos cultures par année moyenne, j'ai trouvé que je pouvais facilement nourrir 45 têtes, dont le cheptel vivant sera composé comme il suit :

1 cheval hongre.
5 juments poulinières.
1 ânesse.

4 taureaux.
10 vaches.
10 génisses.
8 bœufs à l'engrais.
6 bouvillons.
3 veaux.
4 porcs à l'engrais.
2 truies portières.
6 moutons.

45 têtes de bétail, du poids théorique de 450 kilos, donnent un poids de 450 × 45 = 20,250 kilos.

On peut chercher le rapport qui existe entre le poids brut des animaux et ce poids théorique de 20,250 kilos.

6 chevaux à 600 kil. l'un . . .	3,600	kilos
1 ânesse	200	»
4 taureaux à 400 kil. l'un. . .	1,600	»
10 vaches à 410 kil. l'une . . .	4,100	»
10 genisses à 300 kil. » . . .	3,000	»
8 bœufs à l'engrais 500 kil. l'un.	4,000	»
6 bouvillons à 350 kil. » .	2,100	»
3 veaux à 100 kil. » .	300	»
4 porcs à 125 kil. » .	500	»
2 truies à 150 kil. » .	300	»
6 moutons à 60 kil . . . . » .	360	»
Basse-cour	190	»
	20,250	kilos

La théorie est donc bien d'accord avec la pratique, car je me trouve en mesure d'entretenir pendant toute l'année le cheptel énuméré.

Administration de chaque espèce animale

Espèce chevaline

La race chevaline employée pour la culture est celle du pays qui a beaucoup de ressemblance avec l'ancienne race percheronne ; je dis ancienne, car aujourd'hui on ne rencontre plus guère ce beau type du percheron d'autrefois ; cette race de pays est forte, robuste, courageuse et bien acclimatée, on en retire tous les services que l'on peut désirer.

L'écurie sera composée d'un cheval hongre devant faire le service de limonier et de 5 juments poulinières qui tout en exécutant les travaux journaliers de l'exploitation donneront des poulains qui seront vendus vers l'âge de 7 à 8 mois.

L'ânesse servira pour effectuer le transport des nourritures des animaux bovins et pour débarder les fumiers des étables devant être conduits à la fumière.

Je veillerai à ce que les chevaux soient toujours tenus dans un état de propreté absolue.

Le pansage sera fait chaque matin, avant le départ pour le travail, si les animaux rentrent mouillés ou en sueur ils seront fortement bouchonnés à leur arrivée de manière qu'ils ne puissent se refroidir trop vite et par ce fait attraper des maladies qui quelquefois deviennent graves.

Exploitant par métayage, j'aurai dans mon métayer un homme très intéressé qui procurera tous les soins possibles et minutieux à ces animaux. Il me soulagera donc dans cette surveillance.

Les juments seront saillies à Sablé ville distante de 8 kil., où se trouve un dépôt d'étalons provenant du haras d'Angers. Tous les ans, il sera élevé autant de poulains que les juments en donneront ; je puis prendre comme moyenne 3 poulains par an ; à moins de cas tout à fait imprévus.

Les poulains seront nourris par la mère jusqu'à l'âge de 4 mois ; au pâturage ou à l'écurie le reste du temps ; lors du sevrage, ils seront retenus en box ; comme breuvage ils recevront de l'eau mêlée avec un peu de farine d'orge ; la nourriture sera composée d'un fourrage tendre, facile à mâcher tels que trèfle, luzerne etc.

Les poulains seront vendus à l'âge de 8 mois aux foires des environs de Sablé, Brûlon, Conlie. Conlie est une petite ville renommée pour ses foires à poulains, vu que les marchands du Perche fréquentent beaucoup ces marchés et font hausser les prix par leur présence.

Les juments recevront journellement 3 repas ainsi composés :

Foin de pré	14 kilos
Paille	6 »

Pendant les forts travaux et hors le temps où les animaux seront nourris au vert ; ce qui peut être évalué à 140 jours, ils recevront 1 kilo d'avoine à chaque repas ou 3 kilos par jour et par cheval.

Pendant le mois de mai et les mois suivants, les animaux seront mis au vert les travaux étant moins pressants, ils pourront se reposer pour reprendre la vigueur qu'ils avaient perdue.

Espèce Bovine

1° Boeufs. — Depuis longtemps déjà la métairie de la Gauloisière possède la race Durham-Mancelle ; aussi cherche-t-on incesssamment à raffiner cette race en l'améliorant autant qu'on le peut afin d'obtenir un produit type.

Il y a quelques années on a fait venir quelques vaches charolaises de leur pays d'origine, elles ont été croisées avec un taureau durham 3/4 sang ; les produits de cet accouplement ont donné des résultats satisfaisants et maintenant on contemple au milieu des durham-manceaux, des durham-charolais au pelage roux-faux, taché de blanc. Les croisements durham-charolais sont plus beaux, mieux formés et croissent plus vite que les durham-manceaux, mais malheureusement leur vente est très difficile dans le pays ; parce que personne ne veut se lancer dans ce genre de croisement vu que leur valeur n'est pas encore appréciée comme race travailleuse et de boucherie dans la contrée.

Le croisement durham-manceau lorsqu'il est bien fait communique aux sujets une grande précocité, un amoindrissement de l'ossature, un développement plus considérable dans les parties charnues, plus de poitrine et moins d'abdomen; ce sont autant de qualités nécessaires à la bonne conformation d'un bœuf de boucherie.

Les 8 bœufs à l'engrais suivront le régime mixte, c'est-à-dire qu'ils seront tantôt à l'herbage, tantôt à l'étable.

Vers les derniers mois de l'engraissement, leur ration habituelle sera augmentée de tourteaux de lin dans la proportion de 2 kilos 500 par jour et par animal. Ces animaux seront vendus aux bouchers des environs ou aux foires de Pâques à Brûlon ou à Sablé.

Outre ces 8 bœufs à l'engrais, j'entretiendrai en plus 6 bouvillons qui seront des veaux élevés sur la métairie ou achetés ; jusqu'à l'âge de trois ans, ils seront nourris à l'étable pendant l'hiver et resteront aux champs pendant la belle saison.

Voici les éléments qui composeront leur ration.

Foin	8 kilos
Choux, betteraves, paille hachée. . .	15 »
Pailles d'orge, d'avoine ou blé. . . ,	3 »

Ces animaux sont destinés à combler le vide fait par la vente des bœufs gras. Aussitôt le départ de ces derniers, la ration des bouvillons sera plus nutritive et augmentée : le tourteau sera donc employé dans le but de nourrir beaucoup et sous peu de volume.

2° Vaches. — Les vaches appartiennent à la même race que les bœufs ; elles ne sont pas destinées à produire une grande quantité de lait, sinon, j'aurais choisi une race plus apte à ce genre de spéculation ; il leur est demandé de donner de bons veaux, de les nourrir et élever ainsi que de fournir le lait nécessaire aux besoins du ménage du métayer.

Mais pour obtenir des produits excellents, il faut avoir de bons sujets reproducteurs ; les vaches seront donc choisies avec le plus grand discernement afin qu'elles puissent communiquer à leurs sujets les caractères qui les marqueront et les distingueront ; c'est pour cette raison que je dirai quelques mots des taureaux entretenus à la Gauloisière.

Il est à espérer que les 10 vaches donneront au moins 8 veaux par an lesquels seront élevés ou vendus comme reproducteurs. L'allaitement artificiel sera pratiqué et durera jusqu'à l'âge de 3 mois ; par cette méthode, les buvées seront modifiées, sans que les jeunes bêtes s'en aperçoivent. Celles-ci finiront par accepter la nourriture des adultes, sans avoir perdu l'embonpoint du veau parvenu à l'âge de 6 semaines. Il y a encore une autre raison ; laissant têter les veaux jusqu'à un âge assez avancé ils abîment l'appareil lactifère par des coups de tête trop souvent répétés lors de l'allaitement.

L'été, les vaches seront conduites chaque matin au pâturage, après avoir reçu un peu de foin.

Le soir quand elles rentreront, elles trouveront dans leurs rateliers de la paille d'orge ou d'avoine.

Pendant la stabulation, la ration suivante leur sera distribuée par tête et par jour.

Betteraves	45 kilos.
Menue-paille	5 »
Foin de pré.	8 »
Paille d'avoine	4 »

Il est à espérer qu'avec cette ration les vaches seront toujours en bon état de viande et de santé. Les 10 génisses recevront le même régime que les vaches ; et plusieurs d'entre elles sont vendues chaque année pleines ou engraissées.

3° Taureaux. — Le principe fondamental, c'est que les pères et mères transmettent à leurs productions, leurs défauts et leurs qualités. Les semblables produisent les semblables. On doit donc toujours choisir, pour en tirer race, les individus les plus parfaits, ceux qui possèdent au plus haut degré les qualités que l'on désire, et qui sont exempts des défauts que l'on voudrait faire disparaître.

Il est important, pour le succès des croisements, de savoir quelles qualités sont plutôt transmises par le mâle ou par la femelle. Cette partie de la zootechnic est la plus importante et la plus négligée. Soit par ignorance, soit par préjugé, les éleveurs font très souvent reproduire des animaux mal conformés.

Je rappelle sommairement que les qualités laitières se communiquent par les pères comme par les mères,mais que les taureaux ne présentent qu'à un faible degré les caractères qui les indiquent, il faut donc choisir principalement en ayant égard à la généalogie. Les qualités laitières sont héréditaires ; on ne peut espérer de les propager qu'en recherchant pour la reproduction des bêtes qui les possèdent ou qui descendent les mâles comme les femelles, d'individus qui les ont à un degré très prononcé.

Le taureau contribue encore plus que la vache pour la réussite d'une bonne conformation dans un sujet à élever.

Faisant l'élevage, je choisirai comme reproducteurs des animaux, à poitrine ample et à lombes larges, à croupe volumineuse et muscles épais, ainsi que le garrot, le dos long, les reins larges, peu de ventre, queue grosse à la base et fine à l'extrémité, tête large et courte, membres bien musclés, robe de nuance claire, peau mince et souple, poils fins, fanon peu développé, ossature légère ; voilà les principaux caractères qu'il faut rechercher chez un taureau reproducteur dont les produits sont destinés à l'élevage et à l'engraissement ensuite.

Les taureaux de la Gauloisière ne font pas seulement la monte des vaches de la métairie ; mais encore de celles que les particuliers amènent à la ferme. Le prix de la saillie est de 5 francs, il est partagé par moitié entre le propriétaire et le métayer.

Tous les ans un taureau est vendu ; il y en a de tous les âges depuis 1 an jusqu'à 4 ; le plus vieux est engraissé puis expédié et aussitôt parti un moins âgé le remplace ne cédant en rien aux qualités de son prédécesseur.

Les animaux bovins présentent une spéculation remarquable à la métairie de la Gauloisière ; c'est sur cette branche de l'exploitation que les plus gros bénéfices sont réalisés, vu la grande quantité de fourrages verts et secs dont on peut disposer il est toujours facile d'avoir un bétail bien entretenu et en bon état.

Aussi puis-je dire à la gloire du propriétaire et du métayer que depuis 1885, 36 primes ont été obtenues par l'espèce bovine dans les concours départementaux et régionaux ; sans compter toutefois celles remportées au Comice Agricole du canton dont la part est évaluée à la huitième partie des primes totales distribuées.

Specimen du Herd-Book

DE LA FERME

Nom de l'animal.	Blanchet.
Race.	Durham-Mancelle.
Date et lieu de naissance. . .	2 octobre 1888, au Plessis de Ste-Suzanne (Mayenne).
Nom du père.	Faro, Durham-Bull.
Nom de la mère.	Blanchette, Durham-Mancelle.
Récompenses obtenues. . . .	3e prix au Comice agricole de Sablé en 1889; le 1er en 1890, et le 2e au Concours départemental de la Sarthe, la même année.
Qualités.	Bon ensemble, beau type, remarquable surtout par sa finesse.
Défauts.	Fanon un peu trop développé.
Prix de vente	725 francs.
Descendants.	Olympe, Cadet, Nénuphar, Cocotte, Sultane.

Espèce Porcine

Le porc est une ressource précieuse à la campagne ; il se contente de peu, il utilise tous les déchets qui sans lui seraient perdus, les substances animales ou végétales que les autres animaux ont laissées ; il entre pour une large part dans la nourriture des ouvriers.

La porcherie sera tenue très proprement ; elle sera lavée de temps à autre afin que les odeurs désagréables et pestilentielles soient éloignées. En un mot les soins actuels qui sont prodigués à cette spéculation seront continués.

Le nombre de têtes entretenues sera de 2 truies et 4 porcs à l'engrais, de race craonnaise très répandue dans la contrée ; car Craon le pays d'origine de cette race d'élite qui est aujourd'hui regardée comme la première race française, est à 70 kilomètres.

Cette race marcheuse et rustique se fait remarquer surtout par son poids, la qualité de sa chair, sa précosité et sa fécondité ; mais on peut lui reprocher sa trop grande hauteur sur jambes.

Le porc craonnais s'engraisse facilement sans beaucoup de nourriture, et peut atteindre un poids variant de 150 à 200 kil. à l'âge de 10 à 16 mois. A la Gauloisière comme les débouchés sont faciles, je ne serai pas embarrassé pour l'écoulement de mes produits, vu les marchés de Sablé et de Brûlon ayant lieu une fois par semaine, lesquels sont bien approvisionnés ; puis les bouchers des environs me les achèteront volontiers.

La nourriture ordinaire des porcs se composera de pommes de terre mélangées de farine d'orge, la proportion de cette dernière augmentera suivant que les animaux seront à l'engrais ou à l'élevage ; les déchets de cuisine, les eaux grasses et le petit lait seront employés avec efficacité.

Les 2 truies portières donneront chaque année deux portées, si cela est possible, elles seront engraissées et remplacées par d'autres au bout de la 7e ou 8e portées.

Les porcelets après le sevrage qui se fera vers la huitième semaine seront élevés ou bien vendus ; cela dépendra du nombre que j'obtiendrai et de la nourriture dont je disposerai.

Un porc gras sera réservé pour le métayer, afin de subvenir aux besoins de son ménage.

Espèce Ovine

Comme on peut le voir à l'inventaire, la bergerie est peu importante. Les moutons seront entretenus surtout dans le but de fournir la laine au métayer ; les longues soirées de l'hiver sont employées à confectionner les vêtements que le personnel est heureux de posséder surtout dans les changements brusques de température et les courants d'air auxquels sont soumis ces braves travailleurs.

Les moutons seront aussi employés à débarrasser les terrains des quelques herbes qui pourront croître accidentellement. Leur nourriture sera peu conséquente et à la fin de chaque année ils auront rendu des services en rapportant quelques bénéfices appréciables.

La race entretenue est celle du pays qui a beaucoup d'analogie avec la race berrichonne.

Espèce galline

La basse-cour est le complément indispensable de toute exploitation agricole ; lorsqu'elle est bien conduite elle est susceptible de procurer à la ménagère des profits réels, les produits étant si appréciés ; c'est en même temps une ressource que l'on a sous la main en cas de besoin. Indépendamment de l'avantage que présentent les animaux qui la composent et des produits rémunérateurs qu'elle donne ; elle débarrasse encore d'une multitude de mauvaises graines, déchets, détritus, criblures, de débris de toutes sortes qui sans eux seraient perdus.

Parmi les animaux qui composent la basse-cour on trouve coqs et poules, oies et lapins.

Les coqs et poules appartiennent à la race de la Flèche ; cette volaille est remarquable par la finesse de sa chair, son aptitude à l'engraissement et sa fécondité.

C'est sur cette race qu'on pratique surtout le chaponnage qui donne aux poulardes du Mans un si grand renom dans la France entière.

Les oies sont de race commune très bien acclimatée dans le pays, elles donnent des produits très appréciables, par leur duvet et lors de leur vente.

La ponte et l'éclosion des jeunes oisons étant faites, ils sont poussés en nourriture afin qu'ils puissent être vendus au mois de décembre de la même année.

Le département de la Sarthe expédie annuellement plus de 250,000 volailles et 100,000 oies en Angleterre ou à Paris. C'est donc comme on peut le voir un débouché précieux pour cette contrée de l'Ouest.

Les poules et oies sont partagées par moitié entre le propriétaire et le métayer.

CHAPITRE V

ENGRAIS

> **Un bon assolement est une excellente chose ; de bons instruments aratoires sont précieux ; mais sans les Engrais tout cela n'est rien.**
>
> Félix **VILLEROY.**

Les végétaux, comme tous les êtres vivants, ont besoin d'aliments pour vivre et se développer. A la différence des animaux, capables de se nourrir seulement de matières organiques, c'est-à-dire élaborées sous l'influence de la vie, les plantes tirent leur alimentation de substances minérales empruntées au sol et à l'atmosphère.

Les 3 conditions essentielles pour obtenir d'un sol, le maximum de récolte qu'il peut fournir sont : en premier lieu, la présence dans le sol, d'une quantité suffisante de matières minérales indispensables à l'alimentation des plantes ; en second lieu, un état d'ameublissement et de culture aussi parfait que possible, afin de permettre aux racines de se développer pour chercher leur nourriture ; en troisième lieu, enfin, une semence de bonne qualité.

Bien rarement, le sol depuis longtemps en culture, renferme, en quantité suffisante, tous les principes nutritifs nécessaires à la plante. Les végétaux exportant tous les ans, de la terre où ils ont crû, un poids plus ou moins considérable de la matière minérale, il arrive que la provision du sol en aliments de la plante diminue notablement et finit par s'épuiser.

Le fumier a pour objet de restituer, sous une forme utilisable par la récolte, les substances que celle-ci lui a enlevées.

Une dizaine de corps sont indispensables au développement de toute plante, savoir : l'oxygène et l'hydrogène qui forment l'eau, l'azote qui, en s'unissant aux deux premiers, constitue l'acide azotique et l'ammoniaque, le phosphore, la soude, la chaux, la magnésie, la potasse et le fer ; enfin le carbone que la plante emprunte exclusivement aux faibles quantités d'acide carbonique contenues dans l'atmosphère.

La terre, à de rares exceptions près, ne renferme pas assez d'éléments phosphatés et azotés pour donner spontanément de hauts rendements en céréales et autres produits ; parfois aussi, elle manque de sels de potasse.

C'est donc la restitution de l'acide phosphorique, des nitrates et des sels de potasse que le cultivateur doit avoir en vue dans l'apport des fumures.

En somme, ajouter à la terre les éléments minéraux qui lui font défaut en tenant compte des exigences différentes des plantes qu'il cultive, préparer le sol par des opérations mécaniques convenables (labours, hersages) à recevoir la semence ; employer des graines de bonne qualité, tel doit être l'objectif constant de l'Agriculteur.

Des engrais bien adaptés à la culture qu'il se propose, un bon outillage, une semence de choix : tels sont les agents indispensables au cultivateur pour tirer un parti avantageux de sa terre.

Isolé, livré à ses propres ressources, le cultivateur est, la plupart du temps, dans l'impossibilité de satisfaire à ces exigences fondamentales de toute culture rémunératrice.

La crainte, trop justifiée, d'être trompé dans l'achat des engrais dits *Chimiques*, par les fraudeurs éhontés qui parcourent les campagnes, j'ajouterai encore le prix élevé d'un outillage perfectionné et la difficulté de se procurer dans le voisinage, des semences améliorées : tels sont autant d'obstacles au progrès agricole dans nos villages. Tous ceux qui vivent au milieu des populations rurales peuvent constater la difficulté extrême qu'on rencontre à amener le petit cultivateur à l'emploi des engrais autres que le fumier de ferme. Cette obstination a des raisons multiples, et les motifs sont d'origines diverses.

La principale cause de cette répugnance vient de l'ignorance où se trouve le paysan, des conditions physiologiques qui régissent le développement des végétaux. Mais il n'est nullement indispensable de pouvoir s'expliquer scientifiquement le rôle d'une substance donnée pour être amené à s'en servir; il suffit de savoir, par expérience, que cet aliment est indispensable à l'entretien de la végétation.

Pour ses récoltes, le cultivateur tirera un parti d'autant meilleur des matériaux que l'industrie met à sa disposition pour la fumure de ses terres, qu'il saura comment ils agissent et qu'il connaîtra les conditions les plus favorables à leur assimilation par les plantes ; mais, à la rigueur, il peut ignorer les raisons d'ordre physiologique pour lesquelles ces composés chimiques sont indispensables au développement des végétaux ; l'essentiel c'est qu'il sache que sans Azote, sans Acide Phosphorique, sans Potasse et sans Chaux, il est impossible d'obtenir du blé ou de l'avoine, qu'il n'ignore pas que le fumier de ferme, à l'emploi exclusif duquel il est habitué, est tout à fait insuffisant pour rendre au sol les principes que la plante y a puisés ; enfin qu'il apprenne que le commerce peut lui fournir ces principes à des prix assez peu élevés pour que leur emploi soit rémunérateur.

Mais dans nos régions du Maine, beaucoup ne connaissent que le fumier et la chaux : et encore comment est utilisé ce premier engrais ?

En employant la chaux dans des proportions exagérées comme le cultivateur le fait, et en la mélangeant au fumier, les bons effets de ce dernier sont amoindris et même annulés.

Il est regrettable que ce proverbe ne soit pas assez connu :

La chaux enrichit le père
Et ruine le fils.

Mais je puis remédier à cet état de choses en disant :

La chaux a enrichi le père
Que les superphosphates
Complètent la fortune du fils.

Afin de connaître la quantité annuelle des éléments indispensables aux plantes, je vais donner l'analyse de celles-ci au point de vue de l'azote et de l'acide phosphorique comme étant les éléments épuisés le plus abondamment.

RÉCOLTES		RENDEMENT en kilogrammes.	TENEUR en Azote %	AZOTE Total	Teneur en acide phosph. %	ACIDE Phosphorique Total
Betteraves		60.000	0,16	96	0,45	270
Pommes de terre		22.500	0,31	69,75	0,15	33
Choux fourragers		96.000	0,21	201	0,16	153,60
Trèfle		20.000	0,50	100	0,30	60
Seigle fourrage		20.000	0,41	82	0,25	50
Vesce d'hiver		60.000	2,20	1320	0,92	552
Maïs fourrage		225.000	0,30	675	0,12	270
Luzerne		36.000	2,36	813,60	0,40	144
Prairies naturelles		63.000	1,30	819	0,40	252
Grain	Grain	16.720	2,04	341,08	0,80	133,76
	Paille	50.000	0,45	225	0,22	110
Avoine	Grain	5.040	1,90	95,76	0,50	25,20
	Paille	10.000	0,39	39,78	0,12	13,24
Orge	Grain	3.100	1,50	46,50	0,14	4,34
	Paille	5.000	0,40	20	0,15	7,50
			Totaux	4945,07		2078,64

Je vois d'après le tableau qui précède que chaque année les récoltes enlèveront au sol 4.945 kil. 07 d'azote et 2.078 kil. 64 d'acide phosphorique.

Mais les légumineuses prenant les 3/4 de leur azote dans l'air on aura donc à retrancher pour le :

Trèfle	$\frac{100 \times 3}{4} =$	75 k
Vesce	$\frac{1.320 \times 3}{4} =$	990
Luzerne. . .	$\frac{813^{k}60 \times 3}{4} =$	610 20
Totaux. . . .		1.675 k 20

Je n'aurai donc plus à m'occuper que de la restitution de 4.945 kil. 07 — 1.675.20 ou 3.269 kil. 87.

La première de toutes les substances dont je puis disposer pour la restitution est le fumier de ferme.

Fumier de Ferme

Il n'est sans doute pas un cultivateur qui ignore que le fumier est le meilleur et le plus économique de tous les engrais. Aussi m'appliquerai-je à obtenir un maximum de production tout en veillant à sa richesse en principes fertilisants.

Pour cela, contrairement aux coutumes locales, j'installerai une fosse à fumier étanche, recueillant et conservant les déjections solides et liquides du bétail de l'exploitation.

J'aurai ainsi, en pratiquant quelques arrosages pendant l'été (époque où l'engrais peut subir des déperditions) un engrais de première valeur et de la plus grande richesse. Je le considère comme indispensable ; car indépendamment des principes fertilisants essentiels qu'il fournit sous une forme très assimilable tels que l'azote, l'acide phosphorique, la potasse et la chaux, il contient encore des matières organiques désignées sous le nom générique d'humus, riches en azote, constituant un véritable amendement pour les terres auxquelles on les applique.

L'humus constitue un liant et produit une agrégation moléculaire plus étroite entre les particules de la terre végétale. En un mot il donne du corps. En second lieu, il augmente le pouvoir absorbant du sol et le rend plus propre à conserver les matières fertilisantes solubles.

J'emploierai, pour connaître la quantité de fumier produite, la méthode de Thaër, et cela en multipliant par 2 la somme de la litière et des fourrages considérés à l'état sec et ramenés au foin.

En groupant ici les rations dont j'ai avancé plus haut le modèle, j'obtiendrai :

Tableau des rations distribuées et ramenées au foin devant donner le total général du fumier produit.

ESPÈCES ANIMALES	RATION ramenée au foin pris comme unité pour une tête.	QUANTITÉ de fumier produite par tête et par an.	Nombre d'animaux.	Total général du fumier.
Ration journalière				
Espèce Chevaline				
Foin . . . . 14 kilos Paille . . . . 6 » Avoine pendant 140 jours. . . . 3 »	19	13.870 kil.	6	83.220 kil.
Espèce Bovine				
1° BOEUFS : Foin. . . . . 8 kilos Choux, betteraves, paille 15 » Paille d'orge. . . . . 3 »	13	9.490	18	170.820
2° VACHES : Foin. . . . . 8 » Betteraves . . . . . 45 » Menue-paille. . . . . 5 » Paille d'avoine . . . . 5 »	21	15.330	20	306.600
Espèce Porcine		900 à 1.100	6	6.000
Espèce Ovine		500 à 600	6	3.300
		Total		569.940 kil.

J'arrive donc à produire une quantité de 569,940 kilos de fumier.

Me basant sur la teneur qui est indiquée dans tous les ouvrages sérieux ; et qui, j'espère, sera celle de l'engrais de mon exploitation, j'ai trouvé que 1000 kilos de fumier renferment.

Az = 5 kilos
Pho^s = 2,60 »

J'aurai pour cette quantité d'engrais une provision de :

Az = 2,849 kilos
Pho^s = 1,481 »

que je pourrai restituer au sol.

Mais les récoltes obtenues d'après mon assolement, enlèvent au fonds rural un total annuel de :

Az = 3,269 kilos
Pho^s = 2,078 »

Déduction faite de la quantité apportée par les légumineuses.

Ce chiffre d'enlèvement est plus considérable que l'apport fait par le fumier.

Pour ne pas enfreindre la loi de la restitution, j'ai donc à faire usage d'autres matières fertilisantes, d'engrais supplémentaires. Relevant ce que j'emploie dans ma rotation sexennale ; j'arrive à un total de :

Pour les engrais *azotés* : de 3,450 kilos renfermant $\frac{15}{16}$ Az nitrique donnant 517 kilos d'Azote.

L'assolement n'en réclamant que 3,269 — 2,849 donnés par le fumier ; ou 420 kilos.

J'en apporte par les engrais additionnels 517 kilos d'où un boni de 517 — 420 = 97 kilos constituant une précieuse réserve pour la production ultérieure.

Pour les *superphosphates* : de 5,550 kilos renfermant $\frac{12}{14}$ Pho^s et me donnant : 721 kilos de Pho^s.

Pour les *scories* 2,700 kilos donnant $\frac{14}{20}$ en partie soluble ou 7 de Pho[s] soluble fournissant : 189 kilos de Pho[s] ; d'où un total de 910 kilos de Pho[s].

L'assolement n'en réclamant que 2,078 — 1481 ou 597 kilos, il restera dans le sol une provision de : 910 — 597 = 313 kilos qui enrichiront le domaine.

Je termine donc ce chapitre important que j'appellerai la *clef de l'Agriculture*, en exposant un tableau où se trouvent groupées, toutes les plantes de l'assolement, avec la quantité de principes fertilisants enlevés et celle rendue à chaque sole.

TABLEAU indiquant les principes fertilisants enlevés par les Cultures et ceux restitués par les Engrais.

NOMS des Plantes dans l'ordre de culture.		ÉTENDUE	QUANTITÉ d'Azote enlevée.	QUANTITÉ de phosph. enlevée.	QUANTITÉ D'ENGRAIS déposé dans la sole			AZOTE restitué	PHOSPHATE restitué	BALANCE	
					Fumier	Nitr.	Superph.			Az.	Phos.
1re Sole	Betteraves	1 1/2	96	270	67,500	150	450	360	175,50+58=233	+267	— 37
	Pommes de terre.	1 1/2	69,75	33	67,500	»	»	337,5	238	+267,75	+142,50
	Choux...	2	201	153,60	90,000	200	400	450+30=480	52+234=286	+279	+132,40
2me Sole	Avoine...	3	135,54	38,44	»	»	300	X	39	— 135,54	+ 0.56
	Orge....	2	66,50	11,84	»	»	200	X	26	— 66,50	+ 14,16
3me Sole	Trèfle...	5	100 dont 75 de restitué	60	»	500	»	75	X	+ 50	— 60
4me Sole	Blé.....	5	283,04	121,88	»	500	1,500	75	195	—208,04	+ 73,12
5me Sole	Seigle...	2	82	50	80,000	200	»	400+30=430	148	+348	+158
	Vesce d'hiver..	3	1,320 dont 990 de restitué	552	135,000	300	»	675+45=720	351	+390	—201
	Maïs....	5	675	270	»	1,000	»	150	X	—525	—270
6me Sole	Blé.....	5	283,04	121,88	»	500	1,500	75	195	—208,04	+ 73,12
Hors Sole	Luzerne..	6	813,60 dont 610,20 de restitué	144	»	600	1,020	90	132	—113,40	— 13
	Prairies naturelles	9 1/2	819	252	114,000		27,000 dont 7 % soluble	570	296+270=566	—249	+289
			3.269,27	2.078,64				3.362.5	2.411	96,23	313,87

Je puis donc conclure et affirmer, avec la certitude d'être au-dessous de la réalité ; que la quantité annuellement porduite de fumier de ferme ne restitue pas au sol la moitié des deux plus importants principes nutritifs des plantes : le sol voit par sa désagrégation mettre l'autre moitié à la disposition de la récolte suivante dans les exploitations rurales qui n'ont pas recours aux engrais complémentaires.

De même que Caton recommandait « *d'accorder tous soins à grossir le tas de fumier* », de même Olivier de Serres répétait sous une autre forme et dans un langage imagé : « *Le fumier réjouit, réchauffe, dompte, et rend aisées les terres...* »

De même je terminerai cet important chapitre de ma thèse par cette maxime :

Le fumier de ferme constitue plutôt une restitution qu'un apport nouveau ; tandis que l'introduction des engrais chimiques dans la pratique culturale procure : « *augmentation de la fertilité des terres et des rendements culturaux, par suite, diminution des prix de revient ; mise en valeur des terrains peu fertiles.* »

D'où enfin le grand but est de chercher à obtenir avec la dépense la plus faible, le maximum de résultats utiles.

TROISIÈME PARTIE

CHAPITRE VI

MODE D'EXPLOITATION

Le métayage a ses détracteurs comme ses partisans.

Les uns et les autres ont raison à leur point de vue.

Il n'est pas, en effet, si bonne institution qui ne puisse être faussée dans son application, et si, par métayage, on entend l'exploitation de l'homme par l'homme, c'est-à-dire à l'un, le sol et les profits, à l'autre le labeur, l'épuisement du corps, l'abâtardissement de l'esprit par la misère sans possibilité d'en sortir, oh! alors cette industrie au détriment du pauvre est honteuse et doit être stigmatisée.

Mais le métayage bien compris, largement appliqué, est tout autre.

D'un côté, le capital, l'intelligence, la charge exclusive des améliorations foncières, une généreuse et large part dans les avances au métayer et au sol, une protection constante.

De l'autre un travail opiniâtre, une probité à toute épreuve, une foi robuste en l'équité, en l'expérience du maître dans le succès.

Telle est cette association qui, nécessairement, doit apporter une aisance progressive, qui, établit entre les parties ces liens d'affection, de famille pourrais-je dire, que cimentent les mêmes préoccupations, les mêmes intérêts et qui par suite, en concourant au maintien de l'ordre public, devient une sauvegarde pour la société.

Le métayage ne saurait donc être trop encouragé, aussi bien dans l'intérêt du propriétaire que dans celui du cultivateur.

Etude du bail à moitié fruits

Comme le bail à ferme, le bail à moitié peut faire l'objet d'un acte notarié, d'un sous-seing privé ou d'une convention verbale.

Celui de la Gauloisière a été fait sous-seing privé ; dont voici les principales clauses :

1°) Le colon partiaire fournit la moitié des bestiaux et des semences de toute nature, et la totalité des instruments et ustensiles nécessaires à l'exploitation.

A la Gauloisière, le propriétaire a contribué à payer certains instruments perfectionnés afin d'encourager le métayer dans l'achat de ces outils devant exécuter un excellent travail.

2°) Les bestiaux restent en totalité sur le lieu, au compte du propriétaire ou du métayer successeur qui rembourse au fermier sortant la part à laquelle celui-ci a droit sur estimation faite au cours du moment.

3°) Tous les fruits naturels et industriels (les légumes du jardin nécessaires au ménage exceptés), les produits de toutes espèce, y compris ceux des volailles de toute nature, sont partagés par moitié entre le propriétaire et le colon.

4°) Le colon exécute à ses frais, et convenablement, tous les travaux de culture et d'exploitation.

5°) Les bestiaux qui garnissent la ferme ne peuvent être

employés à aucun travail étranger sans le consentement du propriétaire.

6°) Le propriétaire a le droit de diriger les opérations en général de la ferme à coloniage partiaire. Le choix des animaux à vendre, à acheter ou à échanger, lui appartient donc exclusivement ; et, dans aucun cas, le colon ne peut, sans le consentement de celui-ci, vendre ni acheter aucun bétail.

Le colon doit également se conformer à la volonté du propriétaire pour la préférence des races et la quantité des élèves de toute nature, et la castration des mâles ; pour le choix des semences et le genre des diverses cultures ; ainsi que la forme des labours.

7°) Le propriétaire a le choix des étalons, et il supporte la moitié des frais de saillie.

Mais l'indication des étalons par celui-ci ne peut obliger le colon, si la distance à parcourir excède deux myriamètres.

8°) Les veaux ne sont pas sevrés avant quatre mois ; les mâles sont castrés pendant l'allaitement, si le propriétaire ne manifeste pas de volonté contraire.

9°) Le preneur est obligé d'entretenir les bâtiments en bon état de réparations locatives et d'en fournir les matériaux, de souffrir des réparations et constructions que le bailleur pourra faire sur la dite métairie, de faire tous les charrois et l'approche de tous les matériaux nécessaires pour ces réparations et reconstructions, le tout sans payement, salaire, ni indemnité.

10°) Le métayer ne peut vendre, ni détourner de sur la dite métairie, aucun foin, paille, ni chaume, ni engrais, le tout devant être consommé pour l'amélioration de la ferme.

11°) Après le battage, les grains et graines de toute espèce sont convenablement nettoyés au tarare, les lins et les chanvres broyés et teillés, les fruits à couteau cueillis à la main, les cidres faits à mesure de la maturité des fruits, et entonnés avant le partage.

12°) La moitié des produits revenant au propriétaire doit

être transportée à l'époque et au lieu qu'il indique, dans le rayon de deux myriamètres.

Ce transport, dans le cas de changement de colon, est fait par celui qui exploite et non par celui qui est sorti.

13°) Le colon conduit à ses frais, aux foires et marchés désignés par le propriétaire, les bestiaux à vendre, et il remet, la moitié du produit de la vente.

14°) L'Impôt foncier est acquitté par le colon ; mais, les salaires du vétérinaire, du taupier et ceux du maréchal-taillandier, seulement pour les menues réparations de charrues et des autres instruments aratoires sont payés également à frais communs.

15°) Tous les engrais étrangers, employés sur le lieu sont payés par moitié. Ils sont voiturés par les attelages du lieu, aux frais du colon partiaire,qui va les chercher aux endroits où la vente s'en fait d'ordinaire.

16°) Le colon peut disposer à son profit particulier d'une quantité de pommes de terre ou d'autres racines fourragères égale à celle que le propriétaire prend lui-même pour son usage particulier. Mois alors même que celui-ci n'en prendrait aucune portion, le colon peut toujours employer, aux besoins de son ménage, six hectolitres de ces plantes.

17°) Le colon doit entretenir les nouvelles haies et les plantations d'arbres fruitiers qu'il plaît au propriétaire de faire faire, et que ce dernier conserve toujours le droit de supprimer ou de modifier.

18°) Le colon ne peut couper aucun arbre mort ou vif sans la permission du propriétaire ; il devra aussi curer et nettoyer les rigoles et les fossés qui bordent et traversent les terres.

CHAPITRE VII

JARDIN

L'Horticulture constitue tout un art qu'il ne m'appartient pas d'approfondir dans ce court résumé.

Je ne dois pas non plus le passer sous silence, car le jardin de la ferme est une des parties les plus essentielles de l'exploitation rurale.

S'il est bien tenu, le cultivateur y trouve en partie l'abondance du ménage et l'agrément de la vie rurale. Aussi partout où l'Agriculture est en honneur, le jardinage est perfectionné. La ménagère sait seule en apprécier l'utilité, aussi est-ce avec un soin tout particulier qu'elle s'en occupe. N'est-on pas heureux pendant les fortes chaleurs d'avoir à sa disposition de la salade pour se rafraîchir et du chou pour associer au morceau de lard, ce dernier devant constituer le potage réconfortant. Sans cette ressource, si à la campagne, il fallait acheter les légumes, la vie deviendrait excessivement chère.

Aussi comme l'a si bien dit le célèbre Mathieu de Dombasle : « *Rien ne contribue davantage au bien-être des familles et à l'entretien de la santé, dans la population rurale, que l'abondance des légumes bien choisis, qu'il est facile de se procurer pendant tout le cours de l'année.*

A la Gauloisière, le jardin est situé derrière la maison d'habitation ; il est divisé en deux parties : le potager et le fruitier, car les arbres ne sympathisent pas beaucoup ni avec les légumes, ni avec les fleurs ; leur ombrage nuisant à la bonne venue de ces plantes.

Jardin potager. — Le jardin potager sera affecté exclusivement à la culture des légumes verts ; dont je dirai quelques mots seulement.

Les principaux cultivés sont : les choux, les salades, les carottes, les pommes de terre, les artichauts, les asperges, les oignons, le céléri, les poireaux et les haricots.

Etant trop éloigné d'une ville pour faire la spéculation maraîchère, je me bornerai simplement à entretenir les légumes nécessaires pour l'alimentation du personnel agricole.

Comme bordures on aura des fraisiers entremêlés de quelques fleurs afin d'agrémenter le jardin.

Jardin fruitier. — Le jardin fruitier comprend ; des poiriers, des pommiers, des pruniers et cerisiers ; en plus, une jeune pépinière permet de renouveler les plantes manquant sur la propriété ; c'est elle dont je vais m'occuper le plus particulièrement, car comme on le sait, l'Ouest est le pays par excellence du pommier à cidre, et il faut tenir à honneur de cultiver avec soin cet arbre qui rend de si grands services de nos jours.

La Pépinière dans une Ferme

Elever soi-même ses arbres. N'est-ce pas là le principe le plus exact et le plus rationnel ? Les sujets ayant végété dans un sol de même nature et de même qualité que celui dans lequel ils devront croître plus tard, s'acclimateront mieux et la reprise lors de la plantation à demeure sera presque assurée.

Pour la création d'une pépinière on doit choisir une terre franche et profonde ; le sol doit être défoncé de 0^m50 à 0^m60 de profondeur ; une fois fouillé et nivelé on épandra à la surface une couche de fumier bien consommé qui sera enfoui à la bêche en ayant soin de bien émietter la surface du sol.

Pour le semis, qui s'effectuera vers la mi-février, du marc de pommes à cidre de la récolte précédente ayant été conservé, sera répandu sur le terrain préparé à cet égard par couches d'une épaisseur de $0^{m}04$ à $0^{m}05$, on bêchera pour recouvrir le marc une épaisseur de $0^{m}02$ à $0^{m}03$ de terre. La levée aura lieu après quinze jours à trois semaines.

Dans le courant de l'été, les plants seront éclaircis à la distance de $0^{m}50$ les uns des autres, puis sarclés ; si le terrain est sec,il sera arrosé afin d'obtenir une belle végétation.

Si les jeunes plants ont été bien soignés,ils peuvent atteindre dans 5 ou 6 mois une hauteur de 1 mètre sur un diamètre de $0^{m}05$.

Au mois d'Août de la deuxième année de semis, les jeunes arbres seront greffés avec des variétés très vigoureuses telles que : le gros Fréquin et les argiles rouge et grise. Ces variétés vigoureuses sont greffées comme intermédiaires, mais on pourrait les laisser pour la production. La greffe employée est la greffe en fente qui réussit assez bien.

La troisième année vers la fin de mars,le jeune arbre sera coupé à $0^{m}10$ au-dessus de la greffe dès que le bourgeon aura atteint $0^{m}25$ on lui mettra un tuteur de manière à ce qu'il se dirige verticalement.

La quatrième année le bourgeon terminal aura atteint $1^{m}50$ et les rameaux latéraux seront enlevés directement sur la tige dans le but que la sève se porte vers le bourgeon terminal.

La cinquième année les arbres pourront être plantés dans les herbages ou dans les champs ; si l'on veut changer l'espèce de fruit, le sujet sera tronqué à une hauteur de 2 mètres ; puis greffé, l'opération se fera sur quelques branches groupées autour de la couronne de l'arbuste.

La greffe Bertemboise pratiquée depuis longtemps dans le pays est celle qui donne les meilleurs résultats.

Dans le chapitre concernant la production de la pomme à

cidre, je parlerai de la plantation des pommiers, les soins à leur donner et la récolte de leurs fruits.

Production de la pomme à cidre

Les jeunes sauvageons ayant cinq ans de pépinière sont donc bons à être utilisés, aussi pour leur emploi, des trous seront faits dans les champs quelque temps avant la plantation, ils seront distants de la haie partageant le champ voisin de 2 mètres,de manière que les épines ne puissent entrelacer le sujet et par leurs racines épuiser la terre fertile mise à la disposition de l'arbre afin de le faire croître promptement.

Les trous auront $1^{m}30$ de diamètre sur $0^{m}60$ de profondeur ; ceux-ci faits,les arbres seront déplantés avec soin de façon à ne pas blesser leurs racines : lors de la plantation celles-ci seront rafraîchies de manière que le chevelu se développe avec plus de vivacité et que la reprise soit mieux assurée.

Le fond du trou sera comblé par du terreau ; puis l'arbre ysera placé et recouvert de la terre végétale que l'on aura enlevée pour faire la cavité. On arrosera s'il fait trop chaud de manière à faire bien adhérer la terre aux racines.

L'époque de la plantation aura lieu avant les premières gelées de l'hiver ou aux mois de Février et Mars.

Dans le courant de son existence l'arbre recevra les soins nécessaires pour son parfait développement et son abondante production. Il sera débarrassé des mousses et des lichens qui le dévoreront, ainsi que du gui qui pourrait entrelacer ses branches. D'ailleurs dans certains départements où l'on fait la culture du pommier sur une grande échelle, des arrêtés préfectoraux ont été publiés afin que le paysan débarrasse ses arbres de toutes les impuretés qui pourraient les empêcher de végéter convenablement.

Tous les ans au printemps et à l'automne il sera procuré au pied des pommiers une légère façon à la fourche, sans labourer de manière à détruire l'herbe s'il y en a, puis on y déposera de l'engrais sous forme de fumier bien consommé, de marc de pommes additionné de superphosphate, de sulfate de fer, de purin coupé d'eau.

On ne négligera pas de badigeonner, tous les ans pendant l'hiver, le tronc des jeunes arbres et les maîtresses branches avec une solution composée de sulfate de fer au centième, c'est-à-dire un litre de sulfate de fer par 100 litres d'eau, mêlée avec un peu d'argile.

L'argile sert de liant, en rendant la solution plus épaisse et en la fixant d'une manière visible sur les parties de l'écorce qui ont été traitées.

Lorsque l'époque de la maturité des pommes sera arrivée, il sera procédé à la récolte, qui se fera avec soin, elles ne seront pas gaulées, car on les meurtrit, puis l'arbre est abimé, les bourgeons fruitiers de l'année suivante sont mutilés et l'on s'expose à n'avoir qu'une récolte tout à fait minime les années suivantes.

Les arbres seront secoués simplement à l'aide d'un crochet ; si les fruits ne veulent pas tomber ; c'est que la maturité ne sera pas encore arrivée ; quelques jours s'écouleront et une nouvelle tentative sera risquée et dans le cas de résistance la cueillette s'achèvera au moyen du gaulage.

Lorsque les pommes seront définitivement cueillies, on procèdera au partage entre le propriétaire et le fermier.

QUATRIÈME PARTIE

CHAPITRE VIII

INVENTAIRE

De la Métairie de la Gauloisière

L'inventaire peut être défini ainsi : l'estimation en argent de tout ce qui sert à faire valoir une exploitation.

Dans la comptabilité c'est la première et la plus importante de toutes les opérations. Faute d'autres preuves, il pourrait servir à établir l'état financier de la ferme à la fin de l'année.

La meilleure époque, et celle qui est généralement admise, est le 31 décembre.

Chaque année, de concert avec le métayer, l'Inventaire sera fait à cette époque, on aura soin de ne mentionner que ce qui aura été l'objet de la communauté. Je diviserai les feuilles du livre des inventaires en 3 colonnes ; les 2 premières renfermant les parts du propriétaire et du métayer. Dans la troisième sera inscrit le capital d'exploitation de la métairie, ou total de la part du propriétaire et de celle du métayer.

INVENTAIRE

Je ne mentionnerai pas dans cet inventaire ce qui appartient en propre au métayer, tels que : cheptel mort, part personnelle de denrées, mais je relèverai uniquement les produits réclamant l'intervention des deux parties.

Inventaire du 31 décembre 1896.

NOMBRE des Objets.	DÉSIGNATION des Objets.	PART du propriétaire	PART du métayer	TOTAL
	ACTIF			
	1° Mobilier vivant			
	Ecurie.			
1	Cheval hongre faisant le service de limonier. .	200	200	
5	Juments poulinières . . .	1.135	1.135	
3	Poulains de l'année . . .	150	150	
1	Anesse	50	50	
		1.535	1.535	3.070
	Bouverie.			
4	Taureaux Durham âgés de 10 à 30 mois	790	790	
8	Bœufs à l'engrais âgés de 10 à 30 mois	1.600	1.600	
6	Bouvillons âgés de 10 à 20 mois.	1.050	1.050	
		3.440	3.440	6.880
	Vacherie.			
10	Vaches Durham-Mancelles pures de 4 à 9 ans.	2.215	2.215	
10	Génisses Durham-Mancelles pures de 16 mois à 3 ans	1.735	1.735	
8	Veaux de l'année	450	450	
		4.400	4.400	8.800
	A reporter			18.750

NOMBRE des Objets.	DÉSIGNATION des Objets.	PART du propriétaire	PART du métayer	TOTAL
	Report			18.750
	Porcherie.			
4	Porcs à l'engrais.	140	140	
2	Truies pleines	100	100	
10	Porcelets.	60	60	
		300	300	600
	Bergerie.			
1	Bélier	40	40	
5	Brebis.	120	120	
		160	160	320
	Basse-Cour			
60	Poules ou coqs (race La Flèche) à 2 fr. chaque.	60	60	
30	Oies (race commune) à 6 fr. chaque	90	90	
10	Lapins, 1 fr. 50 chaque. .	7,50	7,50	
		157,50	157,50	315
	2° Emblavures.			
2	Hectares de choux ; 45,000 kil. de fumier à 10 fr. les 1,000 kilos	450	450	
	200 kil. de superphosphate à 8 fr. les 100 k.	16	16	
	100 kil. de nitrate de soude à 20 fr. les 100 k.	20	20	
10	Hectares de blé; 60 kil. de semences à l'hectare, à 18 fr. les 100 k.	54	54	
	300 kilos de superphosphate à l'hectare à 8 fr. les 100 kil.	120	120	
	100 kilos de nitrate de soude à 20 fr. les 100 k.	100	100	
5	Hectares de trèfle; semences 20 kil. à l'hectare, à 1 fr. 10 le kil. .	55	55	
	100 kil. de plâtre à 4 fr. les 100 kil.	10	10	
	100 kilos de nitrate de soude à 20 fr. les 100 k.	50	50	
	A reporter			19.985

NOMBRE des Objets.	DÉSIGNATION des Objets.	PART du propriétaire	PART du métayer	TOTAL
	Report			19.985
2	Hect. de seigle ; 40,000 kil. de fumier à 10 fr. les 1,000 kil.	400	400	
	Semences 2 hectolitres à l'hectare, à 7 fr. l'hect.	14	14	
3	Hect. de vesces ; 45,000 kil. de fumier à 10 fr.	675	675	
	3 hectolitres de vesces à 10 fr. l'hectolitre	45	45	
	100 kilos de nitrate de soude à 20 fr. les 100 k.	30	30	
		2.039	2.039	4.078
	3° DENRÉES en MAGASIN			
	Fourrages et pailles.			
	Foin, 40,000 kil. à 45 fr. les 1,000 kil.	900	900	
	Paille, 50,000 kil. à 23 fr. les 1,000 kil.	575	575	
		1.475	1.475	2.950
	Racines.			
	Betteraves, 42,000 kil. à 22 fr. les 1,000 kil. . .	252	252	
	Pommes de terre, 12,000 kil. à 22 fr. les 1,000 k.	132	132	
		384	384	768
	Engrais.			
	30,000 kil. de fumier, à 10 fr. les 1,000 kil. . .	150	150	
	800 kil. de superphosphates, à 8 fr. les 100 k.	34	34	
		184	184	368
	Total de l'Actif. .	14.074,50	14.074,50	28.149

NOMBRE des Objets.	DÉSIGNATION des Objets.	PART du propriétaire	PART du métayer	TOTAL
	PASSIF			
	Assurances et prestations	100	100	200
	BILAN			
	Total de l'Actif.	14.074,50	14,074,50	28.149
	Déduisant le Passif dont le total est de.	100	100	200
	Total final.	13,974,50	13.974,50	27.949

CHAPITRE IX

COMPTABILITÉ

Si la comptabilité est indispensable et même rendue obligatoire par la loi dans le commerce et l'industrie, elle n'est pas moins utile en agriculture. Mais dans cet art, il faut avant tout, une comptabilité facile à tenir, surtout dans le faire valoir par métayer ; aussi claire que possible tout en demeurant assez complète pour qu'il soit facile de se rendre compte de toutes les opérations faites dans la métairie.

Je m'efforcerai donc d'avoir une comptabilité bien en règle. Le métayer sera possesseur du brouillard sur lequel seront inscrites à leurs dates toutes les opérations intéressant les deux associés, les ventes ou achats et les différentes phases de la culture.

Je tiendrai le journal et le livre des Inventaires, ce dernier sera arrêté à la fin de l'année par les deux partis.

Enfin, le grand livre sera confronté avec le cahier du métayer pour faire la balance et clore les comptes de fin d'année.

Je rappelle que la main-d'œuvre est fournie en entier par le métayer, elle ne devra donc pas figurer dans mes comptes.

COMPTABILITÉ DU PROPRIÉTAIRE. — COMPTES DE CULTURE

Betteraves (1 hectare 1/2)

MOTIFS DES RECETTES ET DÉPENSES	Crédit	Débit	Bénéfices	Pertes	Consommation
Demi-valeur de 22.500 kilos de fumier absorbé à 10 francs les 1000 kilos		112,50			
— semences 20 kilos à 0 fr. 80 l'un		8			
— 300 k. de superphosphate à 8 fr. les 100 k.		12			
— 100 k. de chlorure de potassium à 20 fr. les 100 kilos		10			
— 100 kilos de nitrate de soude à 20 fr. les 100 kilos		10			
Intérêt de 4 0/0 du capital engagé		6,10			
Demi-valeur de 40.000 kilos de racines à 12 francs les 1000 kilos	240				
	240	158,60	81,60		
Pour 1 h. 1/2 j'aurai	360	237,90	122,10		360

Pommes de terre (1 hectare 1/2).

MOTIFS DES RECETTES ET DÉPENSES	Crédit	Débit	Bénéfices	Pertes	Consommation
Demi-valeur de 22.500 kilos de fumier absorbé à 10 fr. les 1.000 kilos.		112,50			
— semences 25 hectolitres ou 1500 kil. à 10 fr. les 100 kilos		75			
— 100 kilos de sulfate de potasse à 22 fr. les 100 kilos.		11			
Intérêts du capital engagé		7,94			
Demi-valeur de 15.000 kil. de pommes de terre à 38 fr. les 1000 kilos.	285				
	285	206,44	78,56		
Pour 1 h. 1/2 j'aurai.	427,50	309,66	117,84		
Demi-valeur de 12.400 kilos qui seront vendus à 38 fr. les 1000 kilos.	235,50				192

Choux (2 hectares)

MOTIFS DES RECETTES ET DÉPENSES	Crédit	Débit	Bénéfices	Pertes	Consommation
Demi-valeur de 22.500 kilos de fumier absorbé à 10 fr. les 1000 kilos		112,50			
— 200 kilos de superphosphate à 8 fr. les 100 kilos		8			
— 100 kilos de nitrate de soude à 20 fr. les 100 kilos		10			
Intérêts du capital engagé		5,22			
Demi-valeur de 48.000 kilos de choux à 8 fr. les 1000 k.	192				
	192	135,72	56,28		
Pour 2 hectares j'aurai	384	271,44	112,56		384

Avoine (3 hectares).

MOTIFS DES RECETTES ET DÉPENSES	Crédit	Débit	Bénéfices	Pertes	Consommation
Demi-valeur de 11.225 kilos de fumier absorbé à 10 fr. les 1000 kilos.		56,12			
— semences 2 hectolitres à 9 fr. l'hectolitre. .		9			
— 100 kilos de superphosphate à 8 francs les 100 kilos.		4			
Intérêts du capital engagé.		2,76			
Demi-valeur de 35 hectolitres à 7 fr. l'hectolitre, ...	122,50				
Demi-valeur de 3.400 kilos de paille à 22 francs les 1000 kilos					37,40
	125,50	71,88	50,62		
Pour 3 hectares j'aurai.	367,50	215,64	151,86		112,20
Demi-valeur de 2.520 kilos qui seront laissés pour l'alimentation à 15 francs les 100 kilos.					189
					301,20

7

Orge (2 hectares)

MOTIFS DES RECETTES ET DÉPENSES	Crédit	Débit	Bénéfices	Pertes	Consommation
Demi-valeur de 11.225 kilos de fumier absorbé à 10 fr. les 1000 kilos		52,12			
— semences 97 kil. 500 à 14 fr. les 100 kilos		13,65			
— 100 kilos de superphosphate à 8 francs les 100 kilos		4			
Intérêts du capital engagé		2,95			
Demi-valeur de 25 hectolitres d'orge à 9 fr. l'hectolitre	112,50				
Demi-valeur de 2.500 kil. de paille à 20 fr. les 1000 kil.					25
	112,50	76,72	35,78		
Pour 2 hectares j'aurai	225	153,44	71,56		50
Demi-valeur de 1000 kil. d'orge employés à la consommation à 13 fr. les 1000 kilos					65
					115

Trèfle 5 hectares

MOTIFS DES RECETTES ET DÉPENSES	Crédit	Débit	Bénéfices	Pertes	Consommation
Demi-valeur de 11.225 kilos de fumier absorbé à 10 fr. les 1000 kilos		56,12			
— 20 kilos de semences à 1 fr. 20 le kilo. . . .		12			
— 100 kilos de plâtre à 4 fr. 50 les 100 kilos. .		2,25			
— 100 kilos de nitrate de soude à 20 fr. les 100 kilos.		10			
Intérêts du capital engagé		3,21			
Demi-valeur de 4000 k. de trèfle sec à 45 fr. les 1000 k.	90				
	90	83,58	6,42		
Pour 5 hectares j'aurai	450	417,90	32,10		450

Blé (5 hectares)

MOTIFS DES RECETTES ET DÉPENSES	Crédit	Débit	Bénéfices	Pertes	Consommation
Demi-valeur de 125 kilos de semences à 19 fr. 50 les 1.000 kilos		12,18			
— 100 k. de nitrate à 20 fr. les 100 kilos		10			
— 300 k. de superphosphate à 8 fr. les 100 k.		12			
Intérêts du capital engagé		1,36			
Demi-valeur de 22 hectolitres à 16 fr. les 100 kilos	137,28				
— 5.000 kilos de paille à 23 fr. les 1.000 kilos					57,50
	137,28	35,54	101,74		57,50
Pour 5 hectares j'aurai	685,20	177,70	508,70		287,50

Seigle (2 hectares)

MOTIFS DES RECETTES ET DÉPENSES	Crédit	Débit	Bénéfices	Pertes	Consommation
Demi-valeur de 20.000 kilos de fumier absorbé à 10 fr. les 1.000 kilos		100			
— semences 150 kilos à 11 francs les 100 kilos		8,25			
Intérêts du capital engagé		4,33			
Demi-valeur de 10.000 kilos de fourrage vert à 12 francs les 1.000 kilos	60				
	60	112,58		52,58	
Pour 2 hectares j'aurai	120	225,16		105,16	120

Vesce (3 hectares)

MOTIFS DES RECETTES ET DÉPENSES	Crédit	Débit	Bénéfices	Pertes	Consommation
Demi-valeur de 22.500 kilos de fumier absorbé à 10 fr. les 1.000 kilos		112,25			
— semences 200 kilos à 20 fr. les 100 kilos . . .		20			
— 50 litres d'avoine à 9 fr. l'hectolitre.		2,25			
— 100 kilos de nitrate de soude à 20 francs les 100 kilos		10			
Intérêts du capital engagé		5,78			
Demi-valeur de 20.000 kilos de fourrage vert à 16 francs les 1000 kilos.	160				
	160	150,28	9,72		
Pour 3 hectares j'aurai	480	450,84	29,16		480

Maïs culture dérobée (5 hectares)

MOTIFS DES RECETTES ET DÉPENSES	Crédit	Débit	Bénéfices	Pertes	Consommation
Demi-valeur de 21.250 kilos de fumier absorbé à 10 fr. les 1.000 kilos . . . . , ...		106,25			
— 200 kilos de nitrate de soude à 20 fr. les 100 kilos		20			
— semences, 150 kilos à 13 fr. les 100 kilos . .		9,75			
Intérêts du capital engagé		5,84			
Demi-valeur de 45.000 kilos à 11 fr. les 1.000 kilos.	247,50				
	247,50	151,84	95,66		
Pour 5 hectares j'aurai	1.238	759,20	478,30		1238

Blé (5 hectares).

MOTIFS DES RECETTES ET DÉPENSES	Crédit	Débit	Bénéfices	Pertes	Consommation
Demi-valeur de 125 kilos de semences à 19 fr. 50 les 100 kilos		12,18			
— 300 k. de superphosphates à 8 fr. les 100 k.		12			
— 100 kilos de nitrate à 20 fr. les 100 kilos . .		10			
Intérêts du capital engagé		1,36			
Demi-valeur de 22 hectolitres à 16 fr. les 100 kilos. . . .	137,28				
— 5,000 kilos de paille à 23 fr. les 1,000 kilos.					57,50
	137,28	35,54	101,74		57,50
Pour 5 hectares j'aurai	685,20	177,70	508,70		287,50

Luzerne (6 hectares) Hors sole

MOTIFS DES RECETTES ET DÉPENSES	Crédit	Débit	Bénéfices	Pertes	Consommation
Demi-valeur de 10 kilos de trèfle à 1 fr. 10 le kilo		5,50			
— 20 kilos de luzerne à 1 fr. 40 le kilo		14			
— 1 h. 50 d'avoine à 9 fr. l'hectol.		6,75			
— 300 kilos de plâtre à 4 fr. 50 les 100 kilos . .		6,75			
— 170 kil. de superphosphate à 8 fr. les 100 kil.		6,80			
— 100 kilos de nitrate à 20 fr. les 100 kilos . .		10			
— du taupinage		10			
Intérêts du capital engagé		2,76			
1re année. Demi-valeur de 25 hectolitres d'avoine à 7 fr. l'hectolitre.	87,50		25,69		
2e — — de 4,000 kil. de trèfle sec à 45 fr. les 1.000 kilos	90		28,19		
3,4,5,— — de 5,000 kilos de luzerne en moyenne, 50 fr. les 1,000 kil. .	125		63,19		
D'où une moyenne par année et par hectare	100,83	61,81	39,02		
Pour 6 hectares j'aurai.	604,98		234,12		604,98

Prairies naturelles (9 hectares 50)

MOTIFS DES RECETTES ET DÉPENSES	Crédit	Débit	Bénéfices	Pertes	Consommation
Demi-valeur de 12.000 kilos de fumier absorbé à 10 fr. les 1.000 kilos.		60			
— 300 kilos de scories à 5 fr. les 100 kilos		7,50			
— du taupinage		15			
Intérêts du capital engagé		3,30			
Demi-valeur de 7.000 kilos de foin à 54 francs les 1000 kilos	189				
	189	85,80	103,20		
Pour 9 hectares 50 j'aurai.	1.795,50	815,10	980,40		1.795,50

Ecurie

MOTIFS DES RECETTES ET DÉPENSES	Crédit	Débit	Bénéfices	Pertes
Demi-prix de la nourriture en avoine de 6 chevaux, pendant 140 jours, à 3 kilos par jour et par cheval		201,50		
Demi-prix de saillies de 5 juments à 10 fr. l'une		25		
Demi-prix de frais de vétérinaire		20		
Intérêts du capital à 7 %		17,25		
Demi-prix de vente de 3 poulains à 350 fr. l'un.	525			
	525	263,75	261,25	

Bouverie

MOTIFS DES RECETTES ET DÉPENSES	Crédit	Débit	Bénéfices	Pertes
Demi-prix d'achat de 6 bouvillons à 220 fr. l'un		660		
Demi-prix d'achat de 800 kilos de tourteaux à 15 fr. les 100 kilos.		60		
Demi-prix de frais de vétérinaire		20		
Intérêts du capital à 7 %.		44,80		
Demi-prix de vente d'un taureau	300			
Demi-prix de vente de 8 bœufs gras à 520 fr. l'un	2.080			
	2.380	784,80	1.597,20	

Vacherie

MOTIFS DES RECETTES ET DÉPENSES	Crédit	Débit	Bénéfices	Pertes
Demi-prix des frais de vétérinaire		20		
Intérêts du capital engagé		1,40		
Demi-prix de 100 saillies de vaches à 5 francs l'une	250			
Demi-prix de vente de 4 taures pleines à 450 francs l'une	900			
Demi-prix de vente de 6 veaux à 150 francs l'un	450			
	1.600	21,40	1.578,60	

Porcherie

MOTIFS DES RECETTES ET DÉPENSES	Crédit	Débit	Bénéfices	Pertes
Demi-prix de nourriture en orge, 1,000 kilos à 13 fr. les 100 kilos.		65		
Demi-prix de saillie de 2 truies, à 3 fr. l'une		3		
Demi-prix des frais de vétérinaire		5		
Intérêts du capital à 7 %		5,11		
Demi-prix de vente de 3 porcs gras à 100 fr. l'un	150			
Demi-prix de vente de 10 porcelets à 30 fr. l'un..............	150			
	300	78,11	221,89	

Bergerie

MOTIFS DES RECETTES ET DÉPENSES	Crédit	Débit	Bénéfices	Pertes
Demi-prix de vente d'un bélier........................	40		40	

Basse-Cour

MOTIFS DES RECETTES ET DÉPENSES	Crédit	Débit	Bénéfices	Pertes
Demi-prix de vente de 20 poulardes à 2 fr. l'une.	20			
Demi-prix de vente de 25 oies grasses à 9 fr. l'une.	112,50			
	132,50		132,50	

CONCLUSION

L'Excursionniste qui est parvenu à la fin de sa route aime à se rappeler les sites agréables qu'il a parcourus, les difficultés qu'il a traversées ; les merveilles qu'il a comtemplées.

L'Architecte qui achève un édifice fait une revue complète de son œuvre, examine si toutes les pièces sont en harmonie avec son plan, concordent entre elles, réalisent ses vues et sont conformes à son devis.

L'Agriculteur qui a confié une semence au sol, prépare d'abord son terrain, procure tous ses soins à la graine, ne la dépose qu'en tremblant sur cette terre plus ou moins fertile, mettant son espérance dans Celui qui commande au soleil et à la pluie, et le priant de la bénir en lui faisant porter les quelques fruits qu'il en attend. Jusqu'au jour heureux de la moisson, il aime à parcourir le champ qui lui a fait verser tant de sueurs, il suit activement les différentes phases de la végétation ; aspirant toujours au moment où il pourra recueillir le fruit de ses labeurs.

Semblable à eux, si je jette un coup d'œil sur le travail que je viens de terminer, fruit de mon application et de ma persistance dans les principes de l'enseignement, loin d'éprouver un contentement fallacieux, je prévois combien il me reste à faire pour approcher de l'idéal.

Comme l'excursionniste, je me remémorerai les endroits que j'ai parcourus, je me souviendrai de Beauvais, de sa région fertile, de son humeur hospitalière : de l'Institut Agricole qui est un des plus triomphants spécimens de la

8

puissance de la libre initiative décuplée par la charité et le dévouement religieux.

Je comparerai, comme l'architecte, toutes les pièces de l'édifice entre elles ; j'en étudierai l'assemblage et leur solidité. Tout sera donc ramené au plan projeté.

Ce plan, c'est cette ébauche bien imparfaite, qui est toujours facile à exécuter pour quelqu'un qui sait manier la règle et la plume ; l'édifice sera cette pratique que beaucoup de cultivateurs croient seule indispensable et qui présente tant de surprises.

Embrassant l'Agriculture, j'aurai à propager des variétés multiples de plantes ; je mettrai alors en pratique les nombreux conseils donnés par ceux qui se font les apôtres de la science.

Ayant parcouru un livre de Edmond About intitulé « *Maître Pierre* », le célèbre écrivain racontant une visite qu'il fit aux landes de la Gironde, emprunte à un homme qui vivait, il y a une centaine d'années, bien malin et bien respectable, à qui les bonnes actions ne coûtaient pas plus que les bonnes plaisanteries, la petite sentence que voici : « *Va cultiver ton jardin... fais des cultivateurs de tes enfants et pour cela ne leur apprends à lire que quand ils sauront labourer* ».

Il serait téméraire aujourd'hui de se faire l'apôtre de ce genre d'éducation ; n'est-il pas bon néanmoins d'en retenir quelque chose et de dire bien haut que l'Agriculture ne s'apprend pas uniquement dans les livres et que la science du cultivateur n'est complète qu'à la condition d'unir aux connaissances théoriques celles non moins nécessaires qui se rapportent à la pratique.

Or, cette impulsion vers le mieux, cette direction intelligente, cette initiative hardie et féconde que réclame la vie des champs, on ne peut l'attendre en règle générale que du propriétaire agriculteur.

On sait combien le petit cultivateur est routinier ; comme a fait son père, ainsi il fait, il fera. Ne lui demandez pas davantage. Si quelque chose est capable de le décider à changer sa méthode ce sera l'exemple de l'agriculteur instruit qui a osé et qui a réussi.

Pour que l'Agriculture se relève et prospère, pour que cette œuvre patriotique soit menée à bien il faut payer de sa personne.

C'est ce à quoi je m'appliquerai dans ma chère contrée, surtout après que ce modeste travail aura reçu l'appréciation de cés Membres distingués de la Société des Agriculteursde France de qui je réclame la plus sincère indulgence.

TABLE DES MATIÈRES

CHAPITRE III

Système de culture du pays.

CHAPITRE IV

Administration de chaque espèce animale

CHAPITRE V

Troisième Partie

CHAPITRE VI

CHAPITRE VII

Quatrième Partie

CHAPITRE VIII

CHAPITRE IX

Laval. — Imprimerie Mayennaise, rue Renaise, 44 et 46.

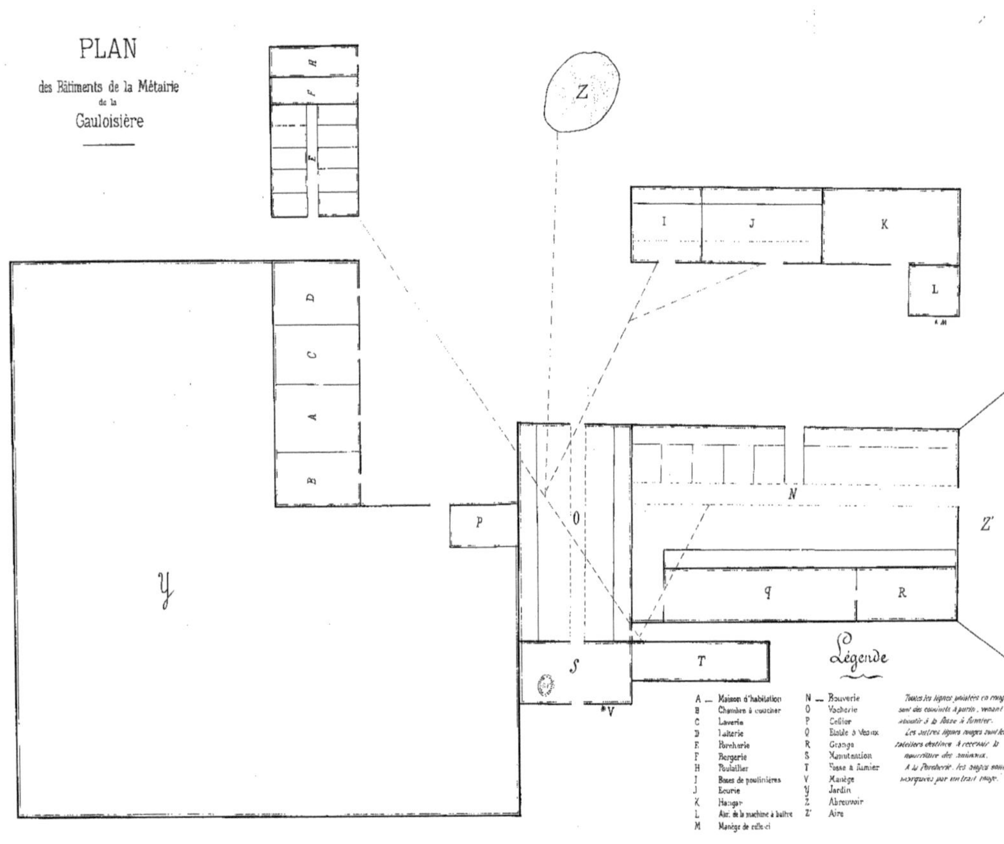
PLAN
des Bâtiments de la Métairie
de la
Gauloisière
Z
F H
F
E
I
J
K
L
M
D
C
A
B
N
P
O
Z'
Y
Q
R
S
T
V
Légende
A — Maison d'habitation
B Chambre à coucher
C Laverie
D Laiterie
E Porcherie
F Bergerie
H Poulailler
I Boxes de poulinières
J Ecurie
K Hangar
L Abri de la machine à battre
M Manège de celle-ci
N — Bouverie
O Vacherie
P Cellier
Q Etable à Veaux
R Grange
S Manutention
T Fosse à fumier
V Manège
Y Jardin
Z Abreuvoir
Z' Aire
Toutes les lignes pointées en rouge sont des conduits à purin, venant aboutir à la fosse à fumier.
Les autres lignes rouges sont les rateliers destinés à recevoir la nourriture des animaux.
A la Porcherie, les auges sont marquées par un trait rouge.

www.ingramcontent.com/pod-product-compliance
Ingram Content Group UK Ltd.
Pitfield, Milton Keynes, MK11 3LW, UK
UKHW020320250726
13967UKWH00004B/1784

9 782013 048484